GUIDE

DE

ATEUR D'INSECTES

COMPRENANT LES GÉNÉRALITÉS SUR LEUR DIVISION EN ORDRES,
L'INDICATION DES USTENSILES ET LES MEILLEURS PROCÉDÉS
POUR LEUR FAIRE LA CHASSE,
LES ÉPOQUES ET LES CONDITIONS LES PLUS FAVORABLES A CETTE CHASSE
LA MANIÈRE DE LES PRÉPARER
ET DE LES CONSERVER EN COLLECTIONS

PAR

ALBERT GRANGER

Membre de la Société Linnéenne de Bordeaux

AVEC UNE

INTRODUCTION

DE

L. FAIRMAIRE

Président honoraire de la Société Entomologique de France

DIXIÈME ÉDITION

Revue, corrigée et considérablement augmentée
avec 146 figures dans le texte

N. B. — Tous les instruments nécessaires à la chasse des Insectes et
à leur rangement en collections se trouvent chez
LES FILS D'ÉMILE DEYROLLE, Naturalistes, 46, rue du Bac, Paris

---

Prix : 1 franc

PARIS

MAISON ÉMILE DEYROLLE

LES FILS D'ÉMILE DEYROLLE Success.

46, RUE DU BAC, 46

AVIS

Tous les instruments nécessaires à la chasse des Insectes et leur classement en collections se trouvent chez LES FILS D'ÉMILE DEYROLLE, Naturalistes, Fournisseurs des Facultés françaises et étrangères, des Lycées, Collèges, etc., du Muséum d'Histoire Naturelle de Paris, etc., etc., 46, rue du Bac, Paris.

(Les catalogues seront envoyés gratis sur demande.)

GUIDE

DE

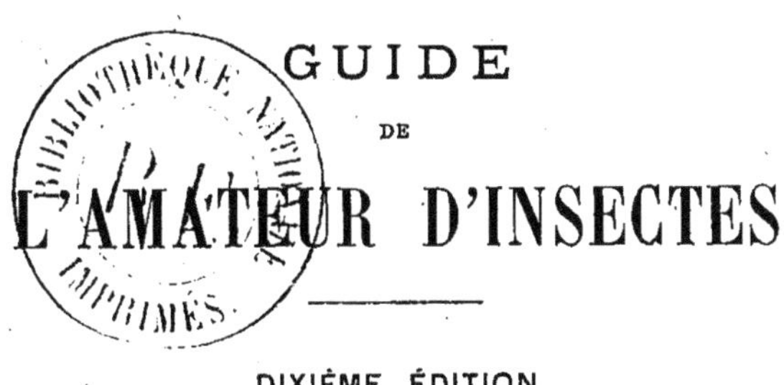

L'AMATEUR D'INSECTES

DIXIÉME ÉDITION

PARIS. — IMPRIMERIE F. LEVÉ, RUE CASSETTE, 17.

GUIDE

DE

L'AMATEUR D'INSECTES

COMPRENANT LES GÉNÉRALITÉS SUR LEUR DIVISION EN ORDRES,
L'INDICATION DES USTENSILES ET LES MEILLEURS PROCÉDÉS
POUR LEUR FAIRE LA CHASSE,
LES ÉPOQUES ET LES CONDITIONS LES PLUS FAVORABLES A CETTE CHASSE
LA MANIÈRE DE LES PRÉPARER
ET DE LES CONSERVER EN COLLECTIONS

PAR

ALBERT GRANGER

Membre de la Société Linnéenne de Bordeaux

AVEC UNE

INTRODUCTION

DE

L. FAIRMAIRE

Président honoraire de la Société Entomologique de France

DIXIÈME ÉDITION

Revue, corrigée et considérablement augmentée
avec 146 figures dans le texte

N. B. — Tous les instruments nécessaires à la chasse des Insectes et
à leur rangement en collections se trouvent chez
LES FILS D'ÉMILE DEYROLLE, Naturalistes, 46, rue du Bac, Paris

---

1905

PARIS

MAISON ÉMILE DEYROLLE

LES FILS D'ÉMILE DEYROLLE Success.
46, RUE DU BAC, 46

PRÉFACE

L'Entomologie est, avec la Botanique, la branche de l'Histoire naturelle qui captive le plus grand nombre d'amateurs. En France, grâce à la végétation si variée, il est facile de réunir une importante collection d'Insectes.

Nous passons en revue les différents Ordres d'Insectes, en indiquant les moyens de les récolter, de les préparer, de les conserver et de les ranger en collections.

Nous terminons cet exposé par les Arachnides et les Myriapodes qui intéressent souvent les Entomologistes.

INTRODUCTION

Les insectes comprennent les animaux articulés qui
sont munis de six pattes seulement et dont le corps présente une tête, un thorax et un abdomen distincts, et, de
plus, des ailes dans l'immense majorité des espèces. Ces
caractères les séparent des Myriapodes ou millepieds,
des Arachnides ou araignées et des Crustacés (écre-
visses, homards).

Tous commencent par un œuf, d'où sort un petit ver
ou une petite chenille qui
passe par diverses modifications constituant les métamorphoses, avant d'arriver à l'état parfait ou adulte. Chez les insectes qui
offrent des métamorpho-
ses complètes, la larve,
ver ou chenille, grandit
peu à peu sans changer de
forme, et passe ensuite à
l'état de chrysalide ou de
nymphe, état transitoire
pendant lequel l'insecte

Œufs de punaises, de grandeur
naturelle sur la feuille.

paraît mort ou engourdi; après un laps de temps plus
ou moins long, l'insecte parfait sort de cette enveloppe

revêtu de sa dernière parure. Chez les insectes à mé-

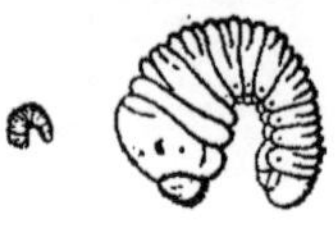

Bostriche et sa larve (grossis).

tamorphoses incomplètes, la larve parcourt, sans arrêt, toutes les phases de son développement ; elle grossit en changeant de peau et se modifie peu à peu, sans brusques transitions, et surtout sans passer par l'état de pupe ou de chrysalide.

A l'inverse des animaux vertébrés, chez lesquels les muscles prennent leur attache sur un squelette inté-

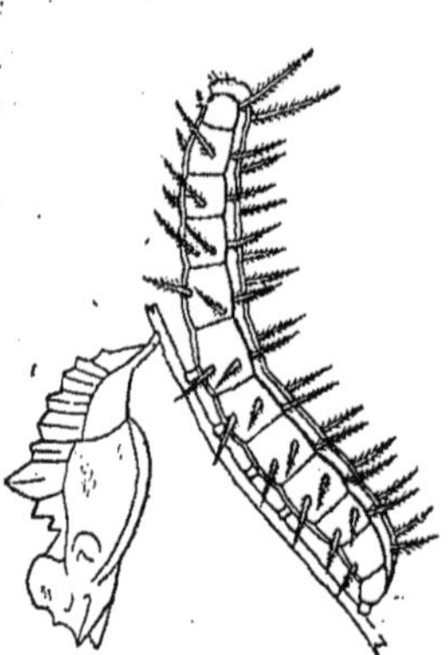

Chrysalide et chenille
de papillon.

rieur, les insectes ont au contraire à l'extérieur leur charpente solide constituée par une substance très caractéristique des Arthropodes, la chitine. De même, au lieu d'un appareil localisé qui reçoit généralement l'air pour revivifier le sang, l'air pénètre à l'intérieur du corps des insectes par des ouvertures latérales ou terminales appelées stigmates, circule à travers les tissus au moyen de tubes à parois très minces et ramifiés appelés trachées et rencontrant le sang de la circulation lagunaire rend possible l'hématose.

Le corps se compose toujours de trois parties : la tête, le thorax et l'abdomen.

Avant d'étudier les descriptions des différentes parties composant le corps des insectes, il est bon de se rendre compte de leur position respective : les figures suivantes (pages 10, 11, 12 et 13) les feront saisir facilement.

La tête, qui forme la partie antérieure, est munie d'une bouche par laquelle les aliments sont introduits dans le tube digestif. Dans les animaux supérieurs, la bouche

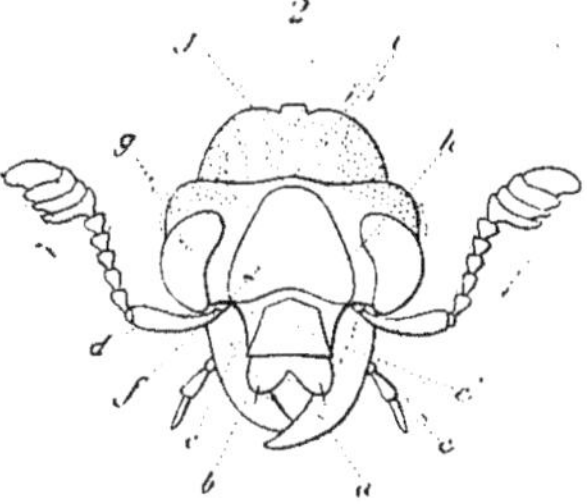

Tête de Nécrophore (dessus). a, mandibule. — b, labre. — c, palpe maxillaire. — d, antenne. — e, épistome. —g, œil. — h, front. — i, vertex. — j, occiput.

se compose de mâchoires superposées et destinées à agir dans un sens vertical; chez les insectes, on trouve

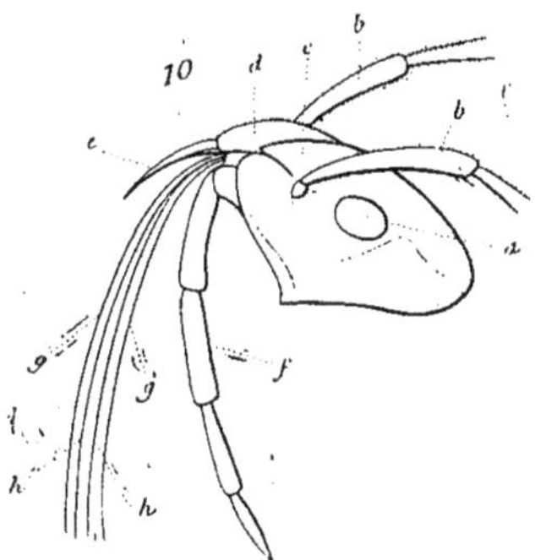

Tête de Lygæus. a, œil. — b, antenne. — c, d, front. — e, labre. — f, lèvre inf. — g, mandibules. — h, mâchoires.

au contraire des mandibules et des mâchoires qui agissent par un mouvement horizontal entre deux lèvres, une supérieure appelée *labre*, et une inférieure qui con-

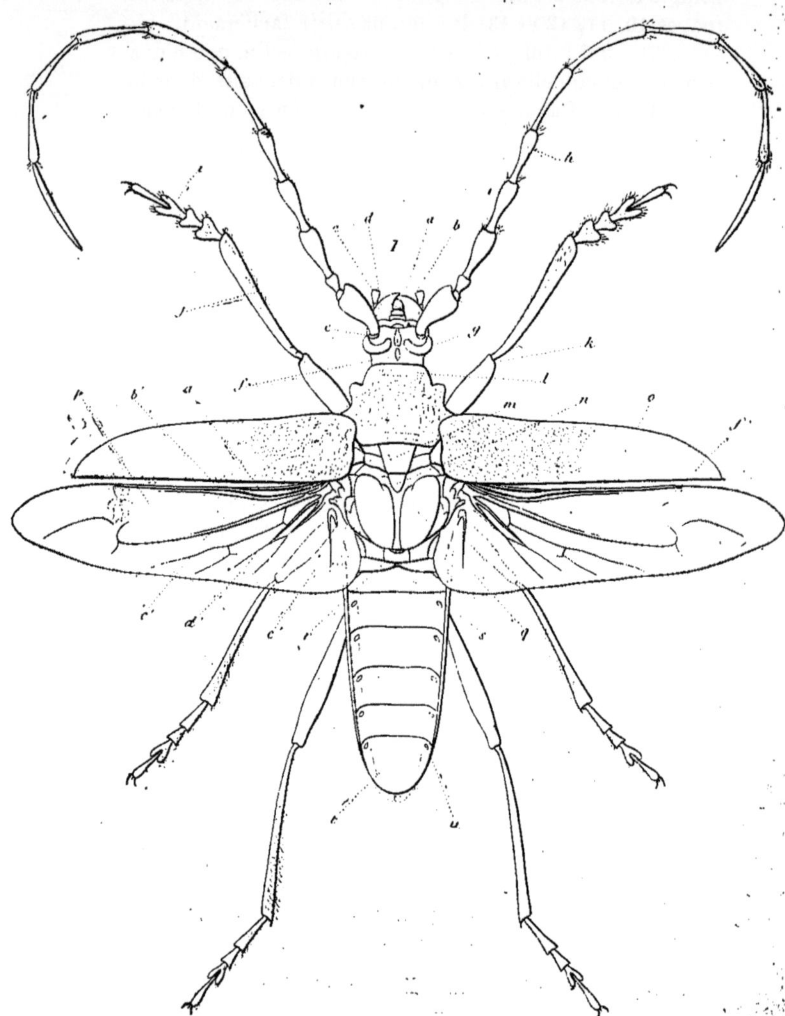

Hammaticherus heros. (Voir l'explication page 11.)

NOMENCLATURE DES DIFFÉRENTES PARTIES

COMPOSANT LE CORPS DES INSECTES

Hammaticherus heros, Fab. — Dessus du corps.

a, labre, — *b*, mandibule. — *c*, palpe maxillaire. — *d*, épistome. — *e*, front. — *f*, vertex. — *g*, œil. — *h*, antenne. — *i*, tarse. — *j*, jambe ou tibia. — *k*, cuisse. — *l*, pronotum ou corselet. — *m*, scutum du mésothorax. — *n*, scutellum du mésothorax ou corselet. — *o*, élytre ou aile supérieure. — *p*, aile inférieure. — *q*, scutum du métathorax. — *r*, scutellum du métathorax. — *s*, abdomen. — *t*, dernier arceau abdominal supérieur apparent, ou pygidium. — *u*, l'un des stigmates (ouverture des trachées qui servent à la respiration).

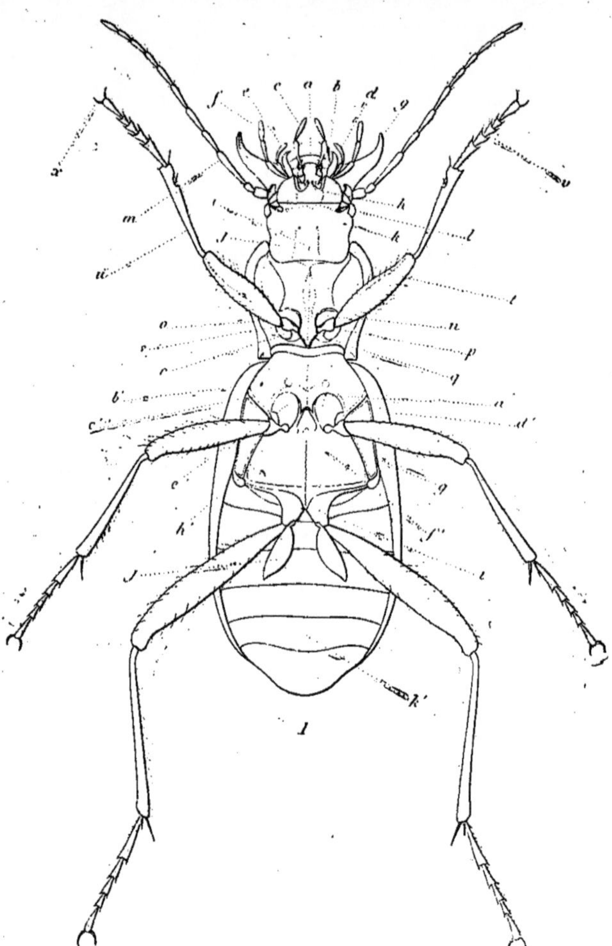

Sphodrus leucophthalmus. (Voir l'explication page 13.)

NOMENCLATURE DES DIFFÉRENTES PARTIES

COMPOSANT LE CORPS DES INSECTES

Sphodrus leucophthalmus. — Dessous du corps.

a, languette. — *b*, paraglosse. — *c*, palpe labial. — *d*, lobe interne de la mâchoire, ou palpe maxillaire interne. — *f*, palpe maxillaire, ou palpe maxillaire externe. — *g*, mandibule. — *h*, menton offrant une forte dent médiane en avant. — *i*, pièce basilaire. — *j*, tempe. — *k*, limite postérieure de la joue très réduite. — *l*, œil. — *m*, antenne filiforme. — *n*, prosternum. — *o*, bord infléchi du pronotum. — *p*, épisternum. — *q*, épimère soudée. Ces deux dernières pièces forment les propleures. — *r*, hanche antérieure. — *s*, trochanter antérieur. — *t*, cuisse. — *u*, jambe ou tibia. — *v*, tarse. — *x*, ongles ou crochets. — *a'*, mésosternum. — *b'*, épisternum. — *c'*, épimère très étroite. Ces deux dernières pièces forment les mésopleures. — *d'*, bord infléchi ou repli latéral de l'élytre. — *e'*, hanche intermédiaire. — *f'*, métasternum. — *g'*, épisternum. — *h,'* épimère. Ces deux dernières pièces constituent les métapleures. — *i'*, hanche postérieure. — *j''*, trochanter postérieur, dit *fulcrant.*— *k'*, abdomen.

serve le nom de lèvre ; cette dernière est supportée par un rebord du cadre buccal appelé *menton*. En outre, ces mâchoires et la lèvre inférieure sont munies d'appendices articulés nommés *palpes maxillaires* et *lubiaux*, et que les anciens auteurs appelaient antennules à cause de leur ressemblance avec les antennes ; le dernier article de ces palpes est percé d'un trou très fin, ou fermé par une membrane mince et paraît destiné à faciliter l'absorption des liquides. Tous ces organes se modifient singulièrement, suivant qu'ils appartiennent à des insectes broyeurs ou suceurs. Chez ces derniers (Hémiptères, Diptères), les mandibules, les mâchoires, les palpes s'allongent en soies qui sont accolées et renfermées dans une gaine constituée par la lèvre inférieure, tandis que le labre s'avance pour recouvrir la base de ce suçoir qui, chez les Lépidoptères, est enroulé sur lui-même et prend le nom de trompe. Chez certains Hyménoptères, la bouche est adaptée pour broyer, chez les Tenthrédines par exemple; chez d'autres, les Bourdons, les Abeilles, les Guêpes, etc., les mandibules restent intactes, tandis que le reste des organes buccaux est modifié pour la succion.

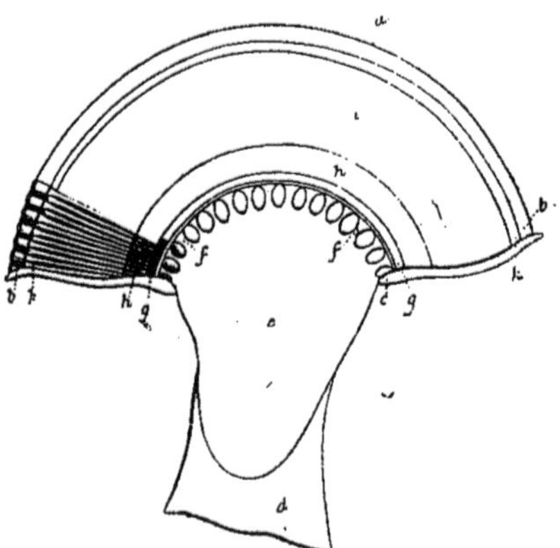

Œil de hanneton grossi, coupé par le milieu.

Les yeux sont immobiles, mais leur forme convexe et leurs nombreuses facettes compensent ce désavantage. Dans quelques groupes, encore peu nombreux, on voit les yeux s'atrophier et disparaître même complètement (faune des grottes).

Sur le devant de la tête, près des yeux, sont insérées les antennes qu'on peut comparer à des sortes de

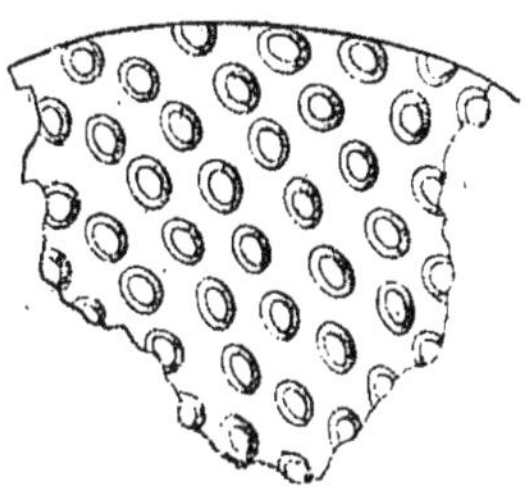

Lame très grossie de l'antenne d'un Hanneton foulon, montrant les pores.

cornes articulées et qui semblent réunir les fonctions du toucher et de l'odorat. Leur forme est extrordinairement variée, depuis le fil le plus mince jusqu'à la forme conique ou globuleuse ; elles sont souvent dentées comme une scie, renflées comme une massue ou un fuseau, coudées et terminées par un bouton lamellé, plus rarement elles affectent la forme d'un panache. Chez beaucoup de Diptères et d'Hémiptères, elles sont courtes, trapues et terminées par une soie excessivement fine.

Antennes de Coléoptères.

Le thorax est la partie du corps en avant de laquelle
la tête est insérée, et sur laquelle s'articulent en dessous

Antenne de Lépidoptère.

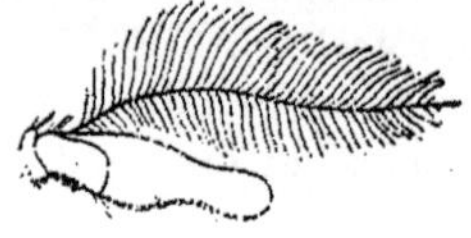

Antenne de Diptère.

des pattes, toujours au nombre de six, et en dessus, les
ailes au nombre de quatre ou de deux, très rarement
nulles. Dans la plupart des insectes, le thorax se présente en dessus sous la forme d'une plaque plus ou moins
convexe, appelée corselet, et bien distincte chez les Coléoptères, Hémiptères, Diptères.

Mais, en réalité, le thorax se compose de trois parties :
l'antérieure ou prothorax, représentée en dessus par le
corselet ; une intermédiaire étroite ou mésothorax qui
ne laisse généralement voir en dessus qu'un petit lobe
appelé écusson, à la base des élytres ; et enfin, une postérieure ou métathorax, bien développée en dessous, ca-
chée en dessus par les ailes. De ces trois parties, le prothorax est le plus souvent indépendant des deux autres
qui sont soudées entre elles et s'unissent généralement
d'une manière étroite avec la base de l'abdomen de telle
sorte qu'en séparant le corps en trois tronçons, d'après
leurs articulations apparentes, comme on pourrait le
faire avec un insecte qui a séjourné quelque temps dans
l'eau, on trouve d'abord la tête, puis le corselet avec
les pattes antérieures, et enfin, le mésothorax avec le
métathorax, l'abdomen, les ailes et les quatres pattes
postérieures.

Cela n'est exact que pour les insectes que nous avons
cités plus haut. Pour une grande partie des Orthoptères,
les Hyménoptères, les Névroptères, les Lépidoptères, le

corselet est confondu avec le reste du thorax, et l'abdomen est bien nettement séparé.

En dessous, les trois segments
thoraciques prennent les noms de
pro-, méso- et métasternum, et
c'est sur eux que sont insérées
les trois paires de pattes. Chaque
patte est composée d'une hanche
articulée dans une cavité cotyloïde,
d'une cuisse ou fémur, d'une jambe
ou tibia, et d'un tarse formé d'articles en nombre variable dont le
dernier est terminé par un ou deux

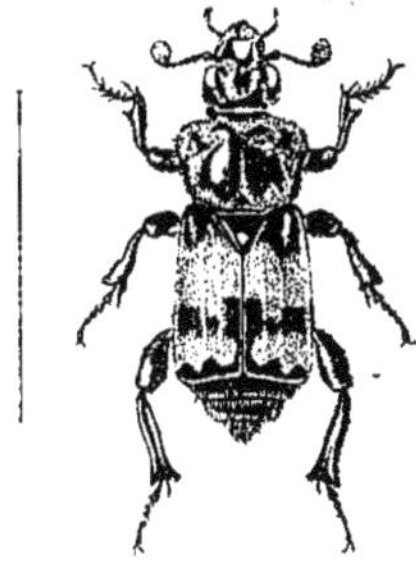
Coléoptère. Nécrophore

crochets. A la base des fémurs, on voit un appendice
appelé trochanter, soudé avec le fémur aux deux paires
antérieures, plus ou moins libre aux fémurs
postérieurs. Les articles des pattes présentent des dispositions spéciales suivant
les différentes adaptations, ils peuvent être
disposés pour la course, pour le saut, pour
la nage, pour fouir. Chez les insectes
aquatiques par exemple, les jambes et les
tarses postérieurs sont aplatis, munis de
cils serrés et sont ainsi propres à la nata-
tion. Chez ceux qui glissent à la surface
des eaux, les tarses sont garnis de vésicules aériennes qui les empêchent de
pénétrer dans le liquide.

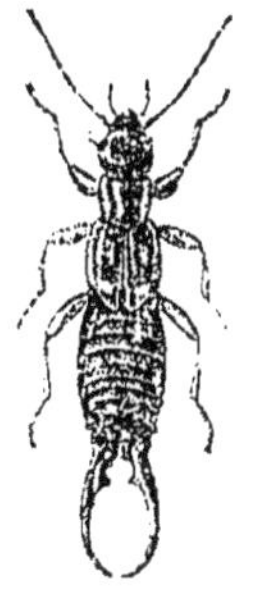
Forficule.

Les ailes sont fixées au mésothorax et au métathorax.
Quand elles sont au nombre de quatre, ce qui existe le
plus souvent, les deux supérieures sont très souvent
très chargées en chitine, ont subi un durcissement et
recouvrent les autres comme un étui; on les nomme
élytres. Les Coléoptères offrent ces étuis, qui existent
encore chez quelques Orthoptères où ils sont le plus
souvent réduits, notamment chez les Forficules ou Perce-
oreilles et chez beaucoup d'Hémiptères; avec cette diffé-

rence que, chez ces derniers, les ailes ne sont pas
entièrement chitineuses et durcies et qu'elles sont membraneuses à l'extrémité. Chez les Hyménoptères, les Diptères, la plus grande partie des Névroptères et un bon
nombre d'Hémiptères, elles sont entièrement membraneuses et souvent transparentes. Le tissu de ces ailes
est maintenu par des nervures, dont la disposition est
souvent indispensable à étudier pour la classification des
familles et des genres.

L'abdomen est composé d'un nombre assez variable de
segments ou anneaux reliés par une forte membrane

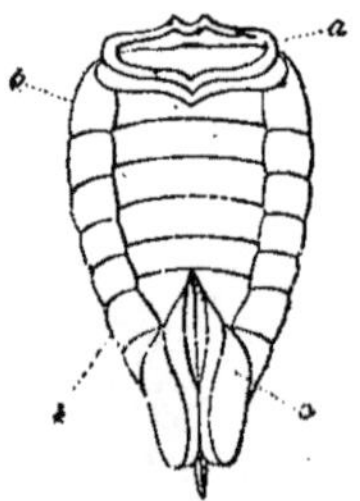

Abdomen de Cigale ♀
a, b, segments, abdomen.
c, tarière.

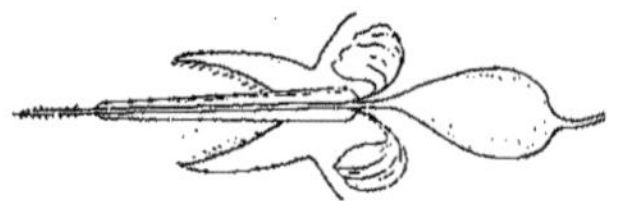

Aiguillon d'abeille grossi avec les
vésicules à venin.

Chez les insectes dont les ailes ou élytres recouvrent cet
abdomen, la partie supérieure est bien moins riche en
chitine que l'inférieure. Les stigmates se trouvent sur
les côtés et sont généralement beaucoup plus visibles
que ceux du thorax. Le dernier anneau présente souvent
des modifications intéressantes à étudier et sert à remplir
certaines fonctions : chez certains Hyménoptères, il se
transforme en aiguillon qui sert à déverser le venin contenu dans la poche à venin; chez d'autres Hyménoptères,
comme les Ichneumons, l'abdomen est terminé par une tarière assez longue, mais inoffensive ; enfin chez certaines femelles (sauterelle verte), on voit le dernier anneau terminé
par un appendice servant à enfouir les œufs dans la terre.

CLASSIFICATION DES INSECTES

Avant d'aborder les détails de la chasse aux insectes, il paraît utile de donner un aperçu de leur classification, afin de faire comprendre les différents caractères de chacun des groupes que nous allons étudier.

1. *Ordre des Coléoptères.* — Insectes broyeurs, ayant des mandibules et des mâchoires, ces dernières munies de palpes. Prothorax distinct du reste du thorax, ayant un mouvement propre, formant en dessus une plaque unique ou corselet. Antennes généralement de onze articles, parfois moins. Ailes supérieures chitineuses et durcies, à suture presque toujours droite, ne se recouvrant jamais, portant le nom d'élytres, cachant en général d'une manière complète les inférieures qui sont membraneuses, pliées transversalement ou obli-

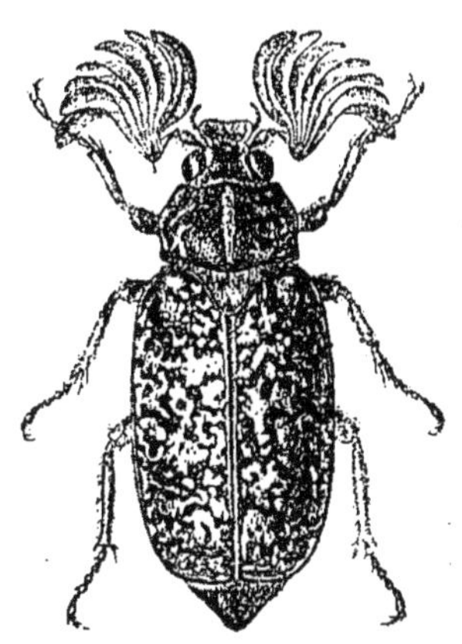

Hanneton foulon (Coléoptère).

quement pendant le repos ; ces dernières manquant assez fréquemment. Métamorphoses complètes ; larves hexapodes ou apodes ; nymphes inactives.

Cet ordre est le plus important, peut-être parce qu'il attire le plus l'attention par la taille des insectes qui le composent, leur brillante coloration, parce que leur conservation est rendue plus facile par la solidité des téguments et que, par suite, il a été plus recherché. Leurs mœurs sont bien moins intéressantes que celles des Hyménoptères, où l'on voit si souvent un instinct admirable ; mais l'existence et les métamorphoses de ces insectes présentent encore des objets d'études fort inté-

Cicindèle (Coléoptères).

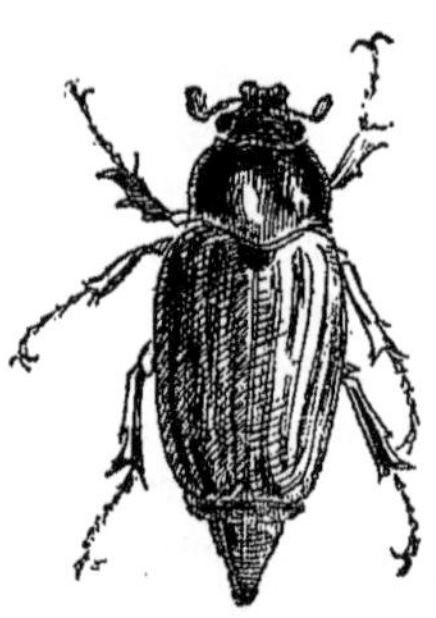

Hanneton.

ressantes. Beaucoup d'espèces sont nuisibles aux produits de la terre, d'autres attaquent nos pelleteries, nos collections d'histoire naturelle, nos bois de construction, etc.; en revanche, beaucoup d'autres rendent des services en détruisant des insectes nuisibles ou remplissent un rôle de salubrité publique en faisant disparaître les matières excrémentielles et les corps en putréfaction.

Cet ordre renferme les Hannetons, Scarabées, Cétoines. Dermestes, Anthrènes, Carabes, Cicindèles, Cantharides, Lampyres ou vers luisants, Bousiers, Hydrophiles, Buprestes, Escarbots, Capricornes, Priones, Calandres, Chrysomèles, Charançons, Bruches, Attelabes, Galéruques, Altises, Coccinelles, etc.

A la suite des Coléoptères, il convient peut-être de **ranger** un petit nombre d'insectes fort singuliers qui forment,

pour certains auteurs, un ordre spécial, celui des Rhipiptères ou Strepsiptères. Ce sont des insectes parasites vivant dans l'abdomen de certains Hyménoptères. Ils ont des mandibules linéaires et des mâchoires munies de palpes ; leurs ailes

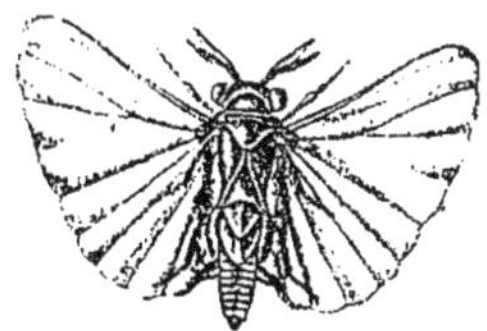

Xenos (Rhipiptère).

antérieures sont très petites, étroites, ressemblant aux balanciers des Diptères ; les ailes inférieures sont grandes, membraneuses, et se replient en éventail ; leur thorax est très développé ; leurs pattes sont presque membraneuses, comprimées, avec les tarses sans crochets. Mal-

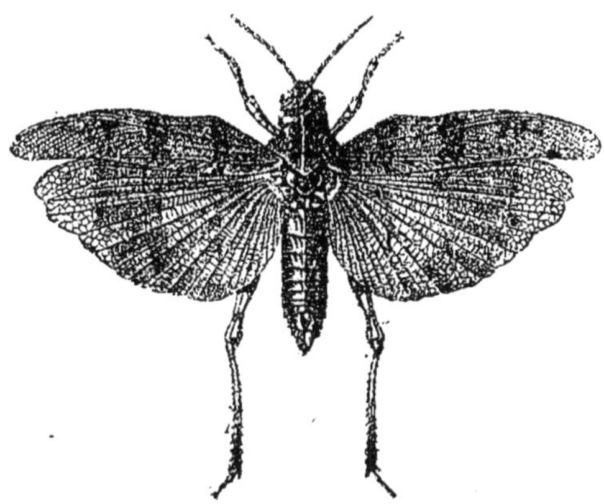

Acridium cæruleum (Orthoptère).

gré ces caractères bizarres, il y a certainement une analogie assez frappante entre ces insectes et certains Coléoptères parasites, tels que les Rhipiphores, les Myodites surtout.

2. *Ordre des Orthoptères.* — Insectes broyeurs comme les précédents.

Ailes supérieures, moins durcies que chez les Coléoptères, se recouvrant, presque toujours, dans une partie de leur longueur, inférieures, au repos, plissées longitudinalement, comme un éventail; antennes composées d'un nombre d'articles beaucoup plus considérable que chez les Coléoptères. Métamorphoses incomplètes.

Cet ordre ne renferme que peu d'espèces ; mais c'est là

Courtilière (Orthoptère).

qu'on trouve les insectes de plus grande taille et de formes les plus extraordinaires, du moins entre les tropiques. En Europe, leurs dimensions sont plus modestes. Certains individus sont cependant curieux comme la Mante religieuse et la femelle de grande Sauterelle verte avec son oviscapte pour la ponte des œufs dans les parties dures. Si leurs espèces sont peu nombreuses, les individus se comptent souvent par masses innombrables ; tout le monde connaît les ravages des Sauterelles et des Criquets. Cet ordre renferme aussi les Grillons, les Blattes ou Kakerlacs, les Courtilières, les Phasmes, les Mantes, etc.

3. *Ordre des Névroptères et des Pseudonévroptères.* — Insectes broyeurs, à mandibules et à mâchoires ordinairement munies de palpes, Quatre ailes membraneuses, ordinairement assez larges, à nervures généralement très réticulées. Métamorphoses complètes *Névroptères* ou incomplètes *Pseudonevroptères*.

Les insectes qui composent cet ordre présentent de grandes variations dans leur organisation ; chez les uns,

(*Pseudonévroptères*) les organes buccaux sont normaux, les ailes sont larges, rigides, souvent hyalines, comme chez les Libellules ou Demoiselles, Fourmilions, Éphé-

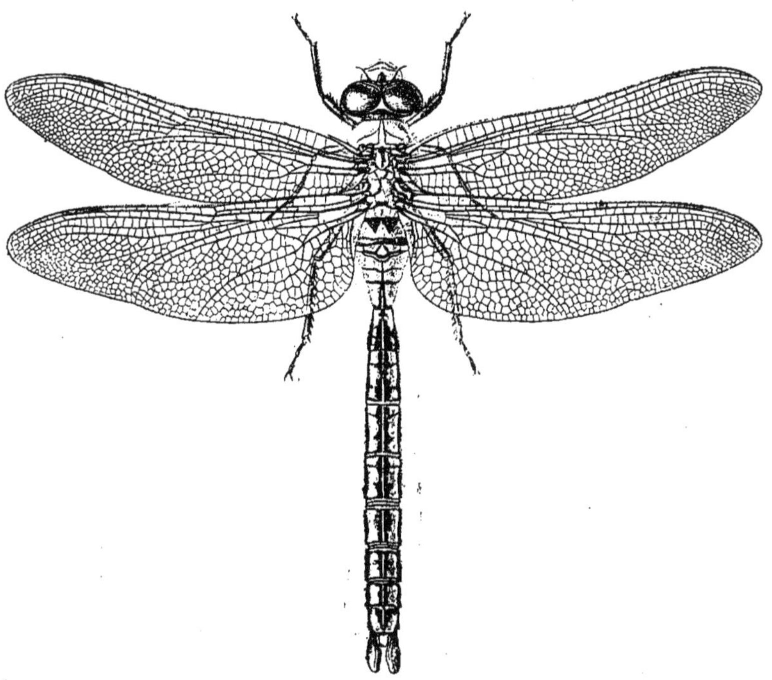

Libellule (Névroptère).

mères, Panorpes, Rhaphidies, Perles, Psoques, Termites. Chez les autres (*Névroptères*), au contraire, par exemple chez les Phryganes, insectes qui ressemblent à première vue à des Lépidoptères, la bouche est impropre à la mastication et les mandibules sont presque rudimentaires. Presque toutes les larves de cet ordre sont aquatiques.

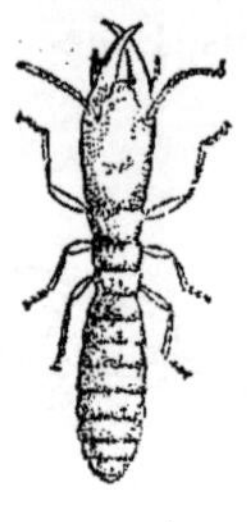

| Termites | (Névroptère). | Larve de Phrygane dans sa coque. |

4. *Ordre des Thysanoptères.* — Insectes à la fois broyeurs et suceurs, ayant des mandibules presque filiformes et des mâchoires, ainsi qu'une lèvre, munies de palpes.

Ailes au nombre de quatre, entièrement membraneuses, longues, étroites, sans réticulation ni plis, bordées de cils longs, très serrés, étendues horizontalement sur le dos. Tarses de deux articles, vésiculeux. Antennes de cinq à neuf articles. Métamorphoses incomplètes.

Cet ordre ne renferme que les Thrips, insectes de fort petite taille, encore peu connus, fort nuisibles aux plantes, notamment aux céréales, et dont la bizarre conformation ne permet pas de les réunir à un autre ordre.

Thrips grossi
(Thysanoptère).

5. *Ordre des Hémiptères ou Rhynchotes.* — Insectes suceurs, munis d'un bec formé par les mandibules et les mâchoires réduites à des soies grêles, reçues dans la lèvre inférieure qui est en forme de gaine, et plus ou moins recouvertes en dessus par le labre. Prothorax indépendant du thorax; formant en dessus un corselet. Ailes

supérieures tantôt chitineuses et durcies avec l'extré-

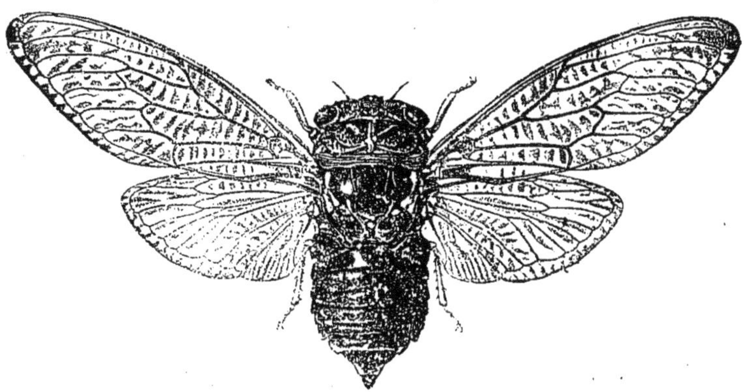

Cigale (Hémiptère).

mité membraneuse, tantôt entièrement membraneuses,
les inférieures manquant quelquefois, quelquefois chez
les formes parasites, absence totale d'ailes.

Ces insectes vivent presque tous aux dépens des plantes,
mais quelques-uns sont cependant parasites de l'homme

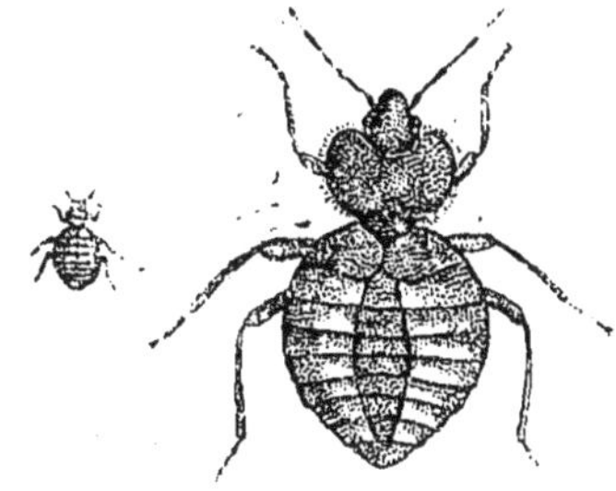

Punaise des lits grossie et de grandeur
naturelle (Hémiptère).

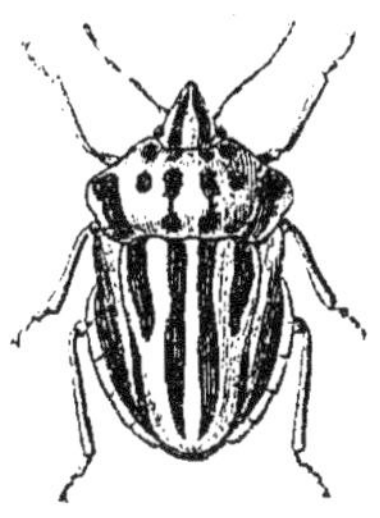

Punaise des bois.

et des animaux. Le groupe comprend les Punaises des
bois, les Cigales, les Réduves et des formes parasites les

punaises des lits, les Pucerons, les Cochenilles, le Phylloxera.

Ces trois derniers groupes sont très aberrants : en effet,

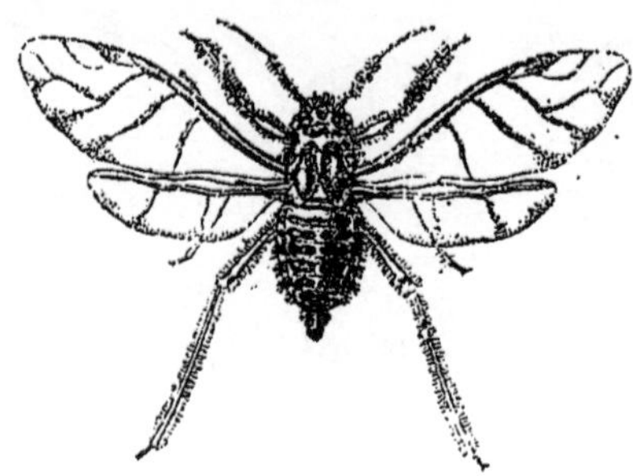

Puceron ailé très grossi (Hémiptère).

les femelles sont aptères, souvent informes, les mâles ont de longues antennes, avec de longues soies abdominales; et en été, ils se reproduisent pathogénétiquement, c'est-à-dire que les femelles reproduisent sans avoir été fécondées par le mâle.

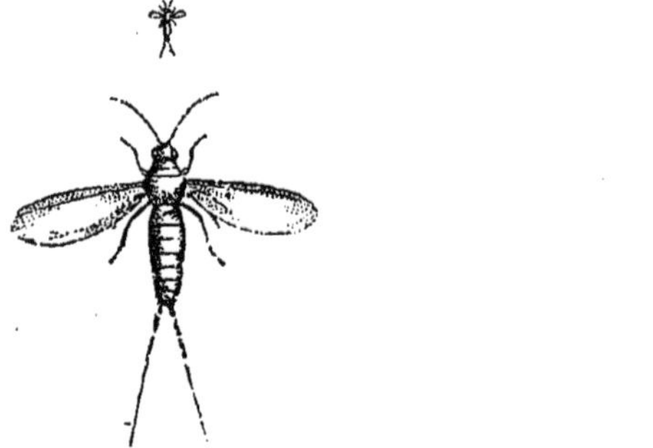

Cochenille ♂, ♀ grossis et de grandeur naturelle (Hémiptère).

Les Hémiptères présentent des métamorphoses incomplètes.

6. *Ordre des Hyménoptères.* — Insectes tantôt broyeurs,

tantôt broyeurs et suceurs à la fois, les mâchoires et
les lèvres se prolongeant,
dans certaines familles,
en lamelles sétiformes
constituant une trompe;
quatre ailes nues, mem-
braneuses, à nervures non
réticulées; prothorax confondu avec l'ensemble du
thorax; pattes postérieu-
res souvent conformées
pour récolter le pollen des
étamines, ayant le premier
article des tarses dilaté en
lame carrée ou triangu-
laire. Abdomen souvent
armé d'un aiguillon. Mé-
tamorphoses complètes,
reproduction pathénogé-
nétique.

Cet ordre, extrêmement
nombreux, comprend les in-

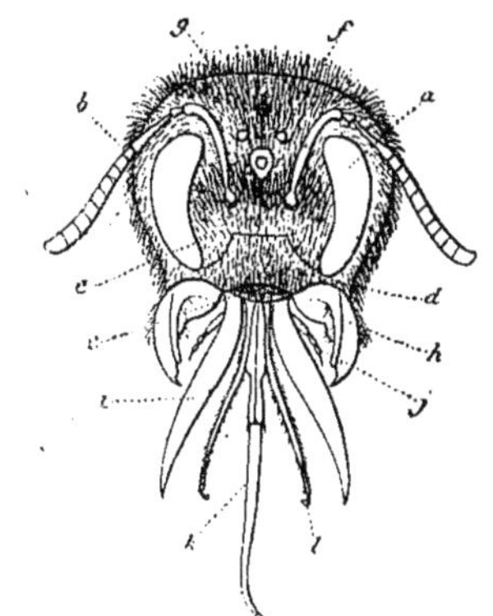

Tête de Bourdon grossie. *a*, œil.
— *b*, antenne. — *c*, labre. —
d, épistome. — *e*, front. —
f, vertex et ocelles ou yeux
lisses. — *h*, mandibules. —
i, mâchoire. — *j*, palpe maxillaire. — *k*, languette. — *l*, palpes labiaux.

sectes qui présentent l'instinct le plus développé et donnent un exemple de sociabilité par les précautions qu'ils
prennent pour assurer le développement de la famille.
Les uns construisent des demeures, ingénieusement
bâties, pour renfermer leurs provisions; d'autres, véri-
tables parasites, vont déposer leurs œufs dans le corps
d'autres insectes dont la substance même doit nourrir
leurs larves, admirable précaution de la nature qui met
ainsi un frein à la trop grande multiplication des individus d'une même espèce.

Les mâchoires et la lèvre inférieure constituent une
trompe chez les Hyménoptères qui récoltent le pollen
des fleurs, comme les Abeilles, les Bourdons, les Guêpes,
les Frelons; elles reprennent la forme normale chez les
Sphex, les Pompiles, qui sont carnassiers, chez les

Fourmis, les Mutilles. Les Chrysis, les Chalcidites, les
Ichneumons, forment le groupe des parasites et vivent

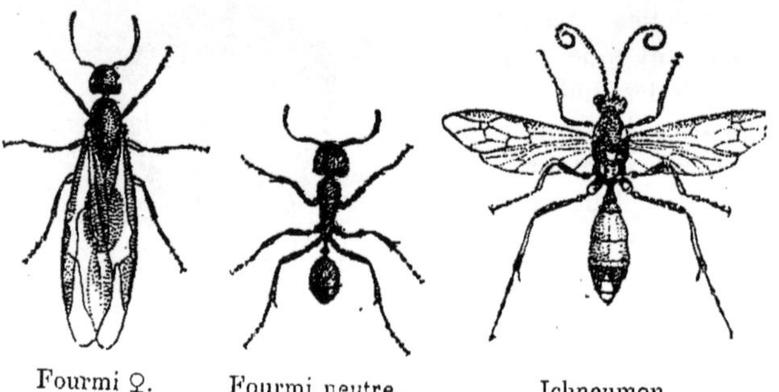

Fourmi ♀.   Fourmi neutre.   Ichneumon.

aux dépens des chenilles, des larves d'insectes, des
araignées même. Les Cynips déterminent, par leur piqûre, des excroissances, appelées galles, sur un grand
nombre de végétaux. Enfin, les Tenthrédines passent la

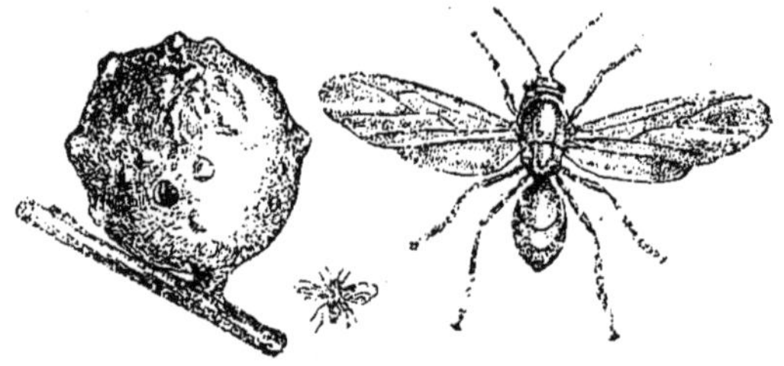

Cynips de la galle de chêne grossi et de grandeur naturelle.

première partie de leur existence sous la forme de faùsses
chenilles, qui ne se distinguent des vraies chenilles que
par le nombre des fausses pattes variant de 14 à 16,
au lieu d'être inférieur à 10 comme chez les Lépidoptères.

7. *Ordre des Lépidoptères.* — Insectes suceurs, munis

Tenthrède (Hyménoptère).

d'une trompe enroulée, formée par un grand développement de la lèvre inférieure, les mâchoires réduites à un
filet très délié, terminé par un palpe très petit; palpes
labiaux très grands; mandibules rudimentaires; lèvre su-

Vanesse Vulcain (Lépidoptère).

périeure indistincte. Quatre ailes recouvertes de petites
écailles colorées, farineuses. Métamorphoses complètes.
Les insectes qui forment cet ordre sont connus sous le
nom de Papillons; leurs larves sont des chenilles et leurs
nymphes s'appellent des chrysalides. Ce sont les insectes les plus brillants et qui attirent le plus l'attention
par la variété de leurs couleurs.

8. *Ordre des Diptères.* — Insectes suceurs, munis d'une

trompe de forme variable, composée de mandibules et
de mâchoires en lamelles écailleuses, se logeant dans
une gaine formée par les deux lèvres ; deux ailes, à ner-

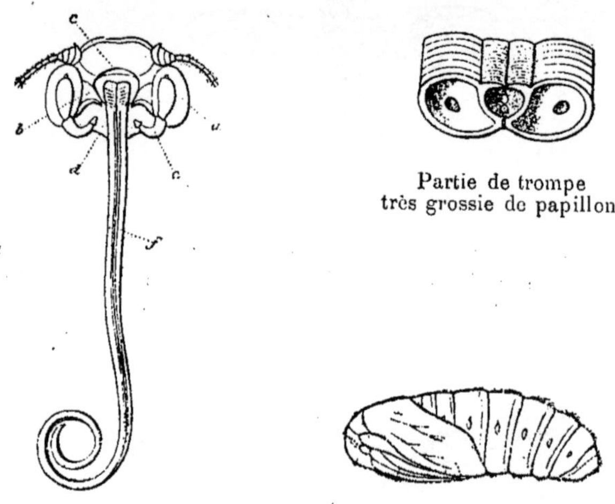

Partie de trompe
très grossie de papillon.

Tête de Sphinx grossie. *a*, œil.
c, labre. — *e*, palpe labial. —
f, trompe.

Chrysalide de papillon.

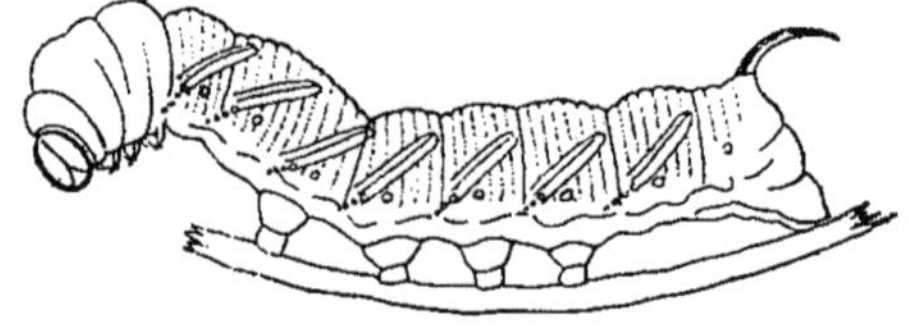

Chenille de Sphinx.

vures non réticulées, les deux postérieures réduites à un
petit appendice vibratile appelé *balancier*. Thorax ro-
buste. Abdomen bien distinct. Antennes ordinairement
assez courtes. Métamorphoses complètes.

Ces insectes, appelés Mouches, sont excessivement
nombreux ; ils ont été moins étudiés que les Coléoptères

et les Lépidoptères ; on en rencontre peut-être encore
plus dans les contrées du Nord que dans celles du Midi.
Leurs larves, connues vulgairement sous le nom d'*as-
ticots*, sont apodes, blanchâtres, et offrent une grande
variété de formes.

Leurs antennes sont tantôt sétacées, assez longues,

Taon (Diptère).

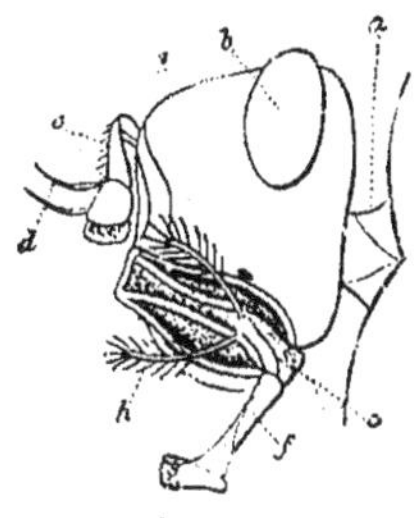

Tête d'Echinomyia fera. *a*, cou. —
b, œil. — *c*, antenne. — *d*, style.
—*e*,menton.—*g*,lèvre.—*h*,palpes.

comme chez les Tipules, les Cousins, les Moustiques ; en
même temps, le corps est grêle, la trompe aussi ; tantôt

Œstre du cheval.

Larve d'Œstre.

courtes de trois articles, avec une soie terminale appelée
style, comme chez les Mouches, les Lucilies, les Taons,
les Asiles.

Chez les Ornithomyies, les Hippobosques, qui vivent
en parasites sur les oiseaux, les chevaux, les bœufs, les
antennes deviennent rudimentaires, les ailes s'atrophient
et disparaissent même complètementchez lesMélophages,

qui vivent sur les moutons et chez les Nyctéribies qu'on trouve sur les chauves-souris.

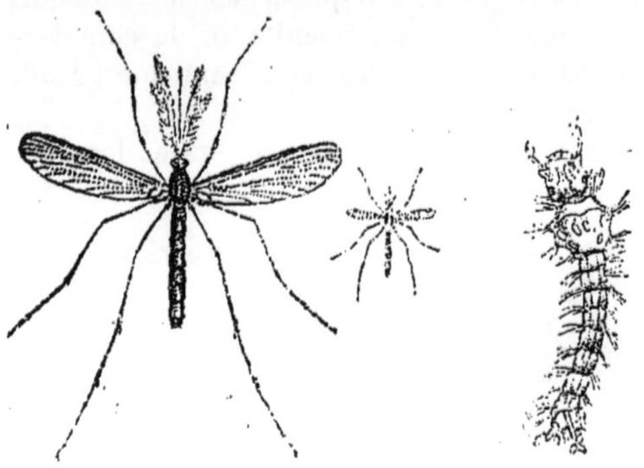

Cousin grossi et grandeur naturelle. Larve aquatique du Cousin.

Enfin, on rattache, et avec assez de raison, au même ordre, les Puces qui sont privées d'ailes comme ces der-

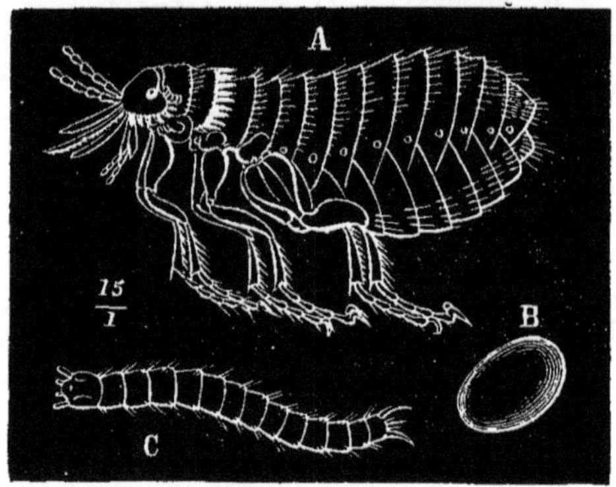

Puce grossie; larve, œuf.

niers diptères et qui s'en rapprochent encore par la forme de leurs antennes, de leur suçoir, par leurs mœurs et par leurs métamorphoses; leurs larves sont, en effet, apodes. Les Puces formaient pour certains auteurs un ordre spécial, celui des Aphaniptères.

9. *Ordre des Parasites.* — Insectes à mâchoires ou à suçoir, aptères, à métamorphoses incomplètes, vivant essentiellement sur d'autres animaux, mammifères ou
oiseaux. Les uns ont un petit siphon rétractile pour
pénétrer l'épiderme comme les Poux; les autres ont des
mandibules et des mâchoires, et se trouvent surtout sur
les oiseaux, comme les Philoptères, les Ricins.

10. *Ordre des Thysanoures.* — Insectes aptères, broyeurs,
ayant l'abdomen terminé tantôt par des filets allongés,
comme chez les Lépismes, les Machiles, tantôt par un
appendice qui se replie en dessous, et sert à faire des
sauts assez grands, comme chez les Podures, les Achorutes, les Sminthures; ils n'ont, à proprement parler, pas
de métamorphose; les individus éclosent semblables à
l'adulte et subissent une ou deux mues de croissance. On
trouve souvent, dans les coins obscurs des maisons, la
Lépisme saccharine, petit insecte allongé, couvert d'écailles argentines, à corps terminé par trois filets, et
qui court avec une grande rapidité; on l'appelle dans
quelques pays le petit poisson d'argent. On trouve les
Podures sous les pierres, sous les amas de végétaux en
décomposition, au bord de la mer, etc.

En terminant cette rapide énumération de tous les
ordres des insectes, on ne saurait trop recommander aux
débutants dans l'étude de l'entomologie, de colliger, en
commençant, les insectes de tous les ordres. Ils acquerront ainsi une connaissance superficielle, il est vrai,
mais qui leur servira, au moins, à reconnaître l'ordre
auquel appartiennent les insectes qui leur tombent sous
la main. Il sera toujours temps de s'adonner exclusivement à l'étude d'un ordre ou d'une famille, car plus
on rétrécit le champ de ses recherches, plus l'esprit suit
la même tendance, et trop d'entomologistes ne voient
dans les insectes que des points ou des stries à compter.
N'oublions pas que les spécialistes sont comme les puits
artésiens, peut-être profonds, mais à coup sûr étroits.

COLÉOPTÈRES

Les Coléoptères constituent l'ordre d'insectes le plus nombreux et un des plus recherchés des amateurs, à cause de la brillante coloration de quelques-uns et la solidité des téguments qui rend plus facile leur conservation.

Instruments pour la chasse aux Coléoptères. — Les instruments employés pour cette chasse sont les suivants :

1° *Filet fauchoir* (fig. 1), formé d'un sac en toile attaché à un cercle en fer supporté par un manche. Ce manche, de la grosseur du pouce, a 1 mètre à 1 m. 20 de longueur; à une des extrémités se trouve une douille en fer de 6 centimètres de longueur, percée vers le haut d'un trou où joue une vis de pression pour retenir le cercle; celui-ci a 30 centimètres de diamètre, il est formé d'une lame de fer plat sur champ de 8 millimètres de largeur sur 3 millimètres d'épaisseur. « Cette lame, dit M. Fairmaire, est percée de distance en distance pour qu'on puisse y adapter le sac, et afin que le fil qui retiendra le sac ne s'use pas trop vite, il faut avoir soin de

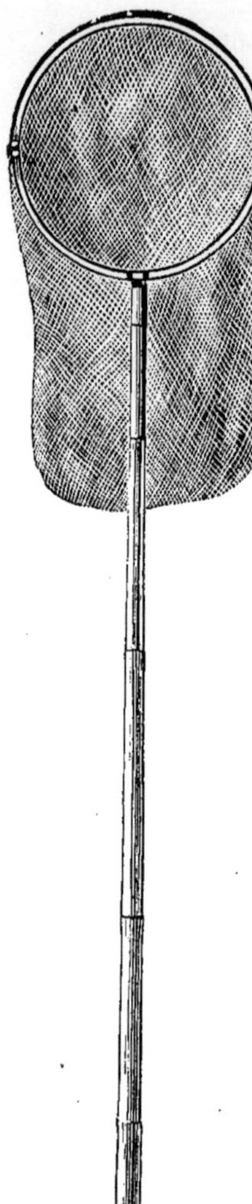

1. — Filet fauchoir. pratiquer, dans toute la circon-

férence du cercle, une gorge où seront percés les trous par
lesquels passera le fil; de cette manière le fil ne fera pas
saillie et évitera les frottements. Il faut préférer le cercle
en fer plat au cercle en fer rond qui se déforme plus facilement et sur lequel il serait difficile de percer des trous;
en outre, le fer étant plat et sur champ racle plus fortement les plantes sur lesquelles on le promène. Ce cercle
se fixe à la douille du manche au moyen d'un morceau de fer
plat de 3 à 4 centimètres de longueur sur 6 ou 7 millimètres
d'épaisseur, soudé au cercle; on introduit ce morceau de
fer dans la douille et on le fixe au moyen de la vis de
pression. Pour que le filet soit plus facile à porter, il est
bon qu'il puisse se fermer en deux: pour cela il faut une
charnière de chaque côté, au milieu, arrangée de manière
que le cercle ne ferme que d'un côté, car sans cela il se
refermerait continuellement lorsqu'on s'en servirait. La
chape ou sac qui s'adaptera à ce cercle sera en toile
solide pour ne pas se déchirer trop facilement aux
épines; elle aura 60 centimètres de longueur. On fixera
ce sac en toile au cercle par le moyen des petits trous
percés dans ce dernier afin que ce soit le fer et non la
toile qui frappe contre les branches et les épines; sans
cette précaution il faudrait renouveler trop souvent les
bords de la chape. L'autre extrémité du manche sera
munie d'une pointe de fer qui sert à ficher le filet en
terre pendant que l'on visite l'intérieur de la poche. Pour
chasser au filet, on le présente horizontalement avec son
ouverture perpendiculaire d'une manière assez vigou-
reuse pour que les insectes se détachent des plantes et
tombent dans le sac; c'est ce qu'on appelle *faucher*, parce
que le mouvement que l'on imprime au filet ressemble
beaucoup à celui d'un faucheur dans un pré. Pour
examiner ce qui est au fond du sac, il ne faut pas
attendre qu'il soit trop rempli, parce que les insectes
entassés peuvent s'endommager; on renverse le sac sur
une nappe pour chercher à son aise et d'une manière
plus utile que si l'on se bornait à regarder dans le sac. »

Pour les insectes aquatiques, on emploie le *troubleau;*

Fig. 2. — Filet Aubé.

on doit le confectionner en canevas assez clair pour que
l'eau s'écoule facilement, tout en retenant les insectes.

On trouve fréquemment dans les petites flaques d'eau
ou dans les ornières, après les pluies d'orage, des insectes
entraînés par les eaux, qui, le plus souvent, sont des types
qu'on rencontre rarement; pour les découvrir au milieu
de l'eau bourbeuse, on emploie un tout petit filet dont le
sac est en étoffe assez lâche pour laisser passer l'eau
boueuse tout en retenant les petits animalcules; ce filet
est connu sous le nom de filet Aubé (fig. 2).

Fig. 3. — Chasse de parapluie.

2º *Parapluie*. — Ce parapluie est recouvert extérieurement en toile ou en alpaga, intérieurement, doublé en
calicot blanc pour éviter que les insectes ne se cachent
sous les baleines et les tendeurs; non seulement il peut
préserver l'Entomologiste de la pluie ou du soleil, mais
son manche est muni d'une brisure qui permet de le
replier au-dessous des buissons ou des haies sur lesquels
on frappe avec une canne (fig. 3). On peut récolter de
cette manière une grande quantité d'insectes. Signalons
aussi un nouveau parapluie désigné par la maison Deyrolle, sous le nom de parapluie japonais; l'idée de ce

Fig. 3 *bis*. — Parapluie japonais.

parapluie de chasse a été donnée d'après une vieille
estampe japonaise, n'ayant aucun rapport avec son
emploi actuel.

Ce nouveau parapluie comprend deux bâtons en croix,
et supportant à leurs extrémités une étoffe blanche mesu-
rant $0{,}85 \times 0{,}85$. C'est un instrument très pratique et

très commode pour les excursions, par suite du peu de place qu'il occupe, étant complètement démontable.

4° *Nappe*. — Elle peut remplacer avantageusement le parapluie, mais elle est moins commode, son emploi exige la présence de plusieurs personnes ; toutefois, il existe un système de nappe qu'on peut employer seul, mais qui est embarrassant pour la marche : c'est un manche en bois portant à son extrémité un bâton transversal terminé à chaque bout par un bâton oblique, après lesquels est fixée la nappe qui ne doit pas être très tendue afin d'encadrer les branches ou les troncs sur lesquels on l'applique.

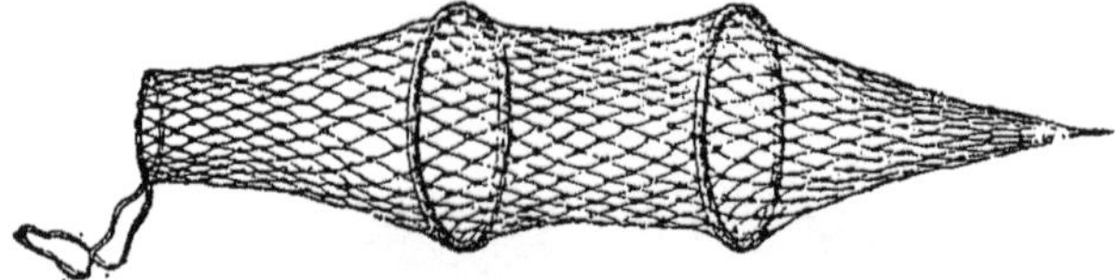

Fig. 4. — Filet à larges mailles.

4° *Filet à larges mailles*. — Ce filet (fig. 4), qui n'est pas d'un usage indispensable, rend néanmoins de grands services pour rechercher les insectes qui s'abritent dans les feuilles sèches. On introduit dans le filet une brassée de ces feuilles et on secoue au-dessus d'une nappe ; les feuilles restent dans le sac et les détritus tombent avec les insectes sur la nappe.

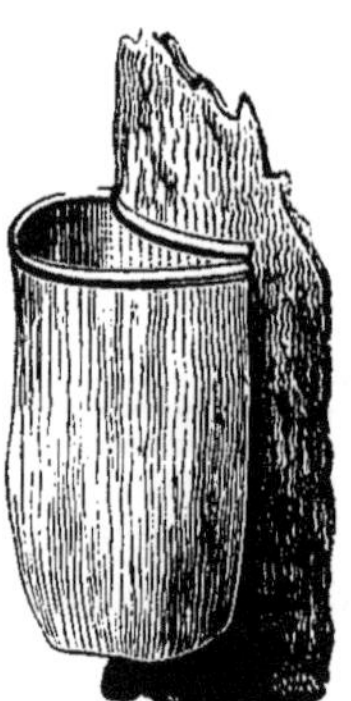

Fig. 5. — Filet demi-cercle.

5° *Filet demi-cercle*. — Une foule d'insectes vivent sur les troncs d'arbres, sous l'écorce ou dans les lichens qui la recouvre ; pour les capturer, on applique contre les arbres le bord d'un filet (fig. 5) en toile, dont la circonférence est maintenue ouverte par une baleine ; avec une brosse dure,

on frotte l'arbre de façon à faire tomber dans le sac
tout ce qui peut se trouver sur l'écorce.

6° *Troubleau-crible*. — Pour rechercher les petits
insectes dans les détritus ou les fourmilières, on emploie

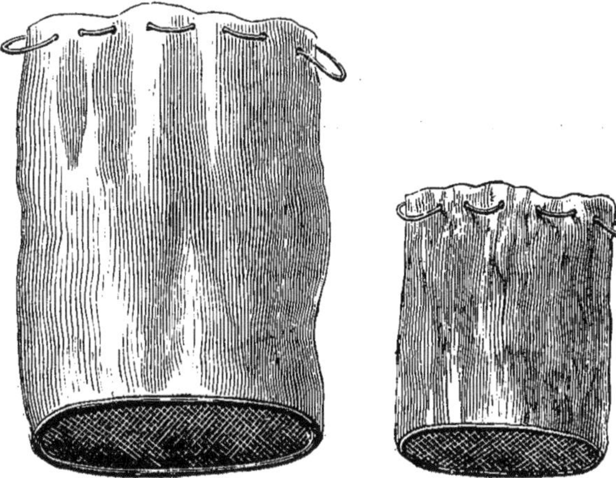

Fig. 6 et 7. — Troubleaux-cribles à fourmilières.

le troubleau-crible qui est formé par un sac de toile dont
l'ouverture supérieure est maintenue, ouverte par un
anneau en fer, et dont le fond est formé par un crible en
toile métallique ; on remplit le sac de terreau, de débris,
de feuilles mortes, etc., et on le secoue au-dessus de la
nappe.

Pour capturer les insectes qui vivent dans les fourmilières, on emploie de préférence le crible (fig. 6, 7); c'est
un sac en toile cirée dont l'intérieur est assez lisse pour
que les fourmis ne puissent grimper le long des parois;
le fond est garni d'une toile métallique assez serrée pour
que les fourmis ne passent pas, mais assez large pour
qu'en secouant les petits insectes tombent sur la nappe.

7° *Crochet à trois branches*. — Pour la chasse des
insectes qui vivent sous les feuilles mortes, dans la

mousse, dans les détritus ou dans le sable, on emploie le crochet (fig. 8). Il en existe un modèle pouvant s'adapter au manche du filet-fauchoir.

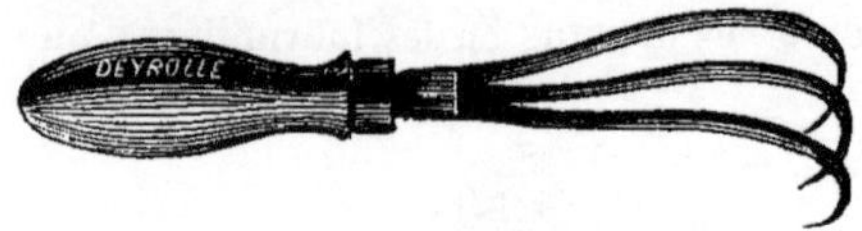

Fig. 8. — Crochet à 3 branches.

8° *Ecorçoir*. — Cet instrument est indispensable pour

Fig. 9. — Ecorçoir ordinaire.

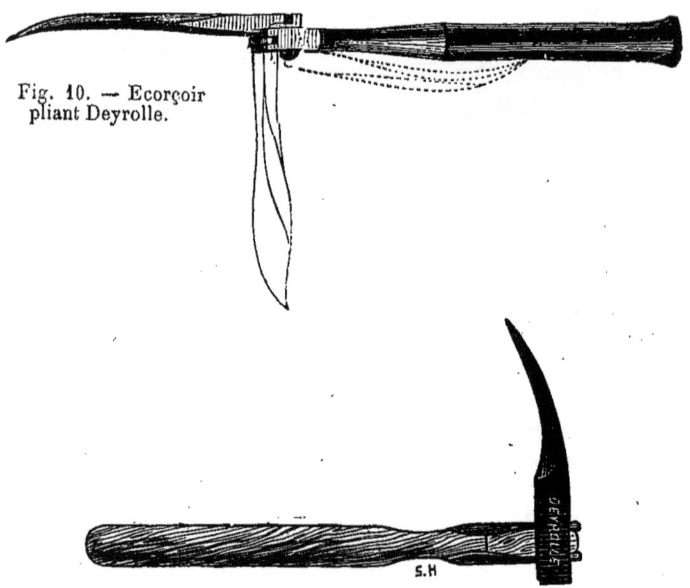

Fig. 10. — Ecorçoir pliant Deyrolle.

Fig. 11. — Ecorçoir-pioche.

la recherche dans le bois, sous les écorces. Plusieurs modèles sont adoptés par les Entomologistes. L'*écorçoir ordinaire* (fig. 9) est le plus commode, parce qu'il est très portatif. On emploie aussi l'*écorçoir en pioche* (fig. 11) et surtout l'*écorçoir pliant Deyrolle* (fig. 10).

9° *Maillet*. — Le maillet (fig. 12) est garni de plomb et

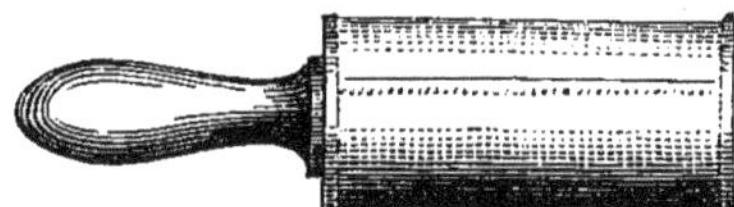

Fig. 12. — Maillet.

de cuir pour frapper les arbres sans les endommager et faire tomber les insectes qui s'y abritent et qu'il serait surtout très difficile d'atteindre. En frappant le tronc avec le maillet, on imprime une secousse qui fait tomber les insectes soit dans le parapluie qu'on tient ouvert au-dessous, soit sur une nappe qui a été préalablement étendue sous l'arbre.

Les instruments pour la chasse des insectes peuvent être renfermés dans le sac de touriste (fig. 13).

Fig. 13. — Sac de touriste.

Bouteilles de chasse. — *Bouteille en verre*, à large goulot et
à double tubulure pour introduire les insectes. Le modèle (fig. 15) est plus commode parce qu'il peut être placé
dans la poche. Il existe un modèle semblable en fer-blanc
(fig. 16) qui présente plus de solidité dans les excursions.
Pour les gros insectes qui n'ont ni duvet, ni écailles, ni couleurs délicates, on verse de l'alcool à 32° dans le flacon

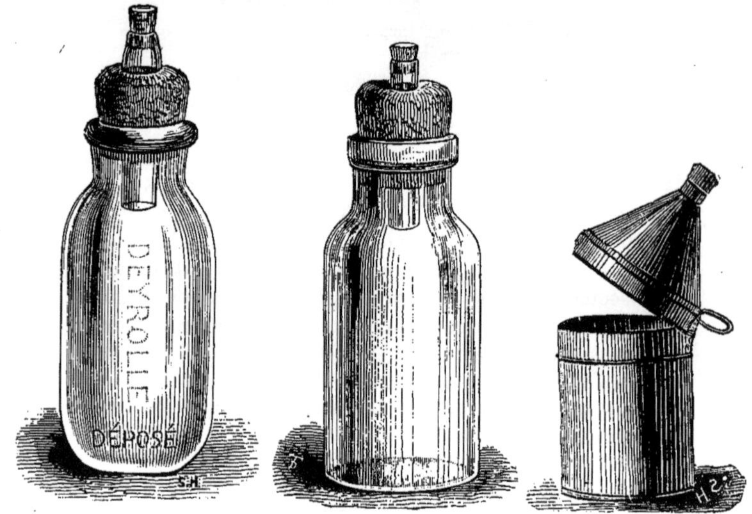

Fig. 14. Bouteille de chasse plate. — Fig. 15. Bouteille de chasse ordinaire. —
Fig. 16. Bouteille de chasse en fer-blanc.

qu'on remplit de tortillons de papier non collé, pour qu'il
puisse absorber l'humidité qui s'y concentre; de cette
manière, les Insectes qui y sont entassés ne peuvent
s'endommager entre eux. M. Leprieur conseille le procédé suivant :

Mettez dans un flacon 30 grammes d'acide arsénieux
en gros morceaux et remplissez-le d'alcool ; décantez au
bout de quelques semaines en évitant d'entraîner un
peu de l'acide. La quantité d'acide dissoute dans l'alcool
est trop faible pour être toxique et les insectes jetés

— 43 —

dans cet alcool ont l'avantage d'être à l'abri des Anthrènes.

Pour les insectes qui se détériorent dans l'alcool, on emploie plusieurs procédés :

1° On les introduit dans le flacon garni de tortillons de papier non collé et on les asphyxie immédiatement en y versant quelques gouttes d'éther ou de chloroforme.

2° On remplit le flacon de feuilles fraîches de *Laurier-cerise* coupées en petits morceaux ; l'acide prussique dégagé suffit pour tuer les insectes ; ce procédé a l'avantage de conserver les insectes souples pendant plusieurs jours.

3° On emploie la sciure de bois blanc ; on la tamise d'abord pour enlever les débris les plus gros, on passe le résidu à travers un second tamis plus fin, et le reste est lavé à grande eau, puis séché. On y verse ensuite une certaine quantité de benzine sans en imbiber la sciure complètement ; les Insectes placés dans le flacon seront rapidement asphyxiés.

4° Pour les Coléoptères, d'une façon générale, on se sert du flacon à *cyanure de potassium*. On place un morceau de cyanure enveloppé dans du papier de plomb au fond du flacon ; le tout est recouvert d'une rondelle de liège très mince, s'adaptant aussi exactement que possible aux parois du flacon. Ainsi préparé, il peut servir ordinairement pendant un ou deux mois, pourvu que le flacon soit hermétiquement bouché. On peut aussi placer de la même manière le morceau de cyanure après l'avoir enveloppé d'amadou, puis de ouate et on le recouvre d'un fort papier collé aux parois et percé, en dessus, de trous d'épingle pour faciliter l'évaporation. La bouteille à cyanure (fig. 17), système Deyrolle, diffère en ce que le cyanure, au lieu d'être placé au fond du flacon, est logé dans un tube qui traverse le bouchon ; l'orifice du tube est disposé de façon que l'évaporation se produise dans la bouteille : c'est infiniment plus pratique.

M. Ravoux a indiqué un nouveau procédé pour préparer le flacon au cyanure.

« Je fais une solution assez concentrée de cyanure de potassium dans l'eau (20 0/0 environ) dans laquelle je délaie du plâtre fin, de manière à obtenir une pâte

Fig. 17. — Flacon à cyanure.

demi-liquide dont je coule rapidement un à deux centimètres au fond de flacons à large ouverture que j'expose ensuite au soleil. Un ou deux jours après, le plâtre ayant pris assez de consistance, je remplis les flacons de rognures de papier et je les bouche hermétiquement. Les vapeurs toxiques se dégagent lentement et les flacons ainsi préparés durent plus d'une année ; lorsqu'ils sont devenus inertes, j'enlève la couche de plâtre qui se détache facilement et je renouvelle l'opération. La propriété hygrométrique du cyanure entretenant dans ces vases une fraîcheur constante, les insectes peuvent y séjourner longtemps sans qu'on ait à craindre de les voir se moisir ou se dessécher, ce qui est à apprécier dans les

excursions où l'on n'a pas toujours le temps et les moyens
de préparer les captures au jour le jour ; leurs articulations y conservent leur souplesse, ce qu'il est impossible d'obtenir avec les substances telles que l'éther, le
chloroforme, la benzine ou le sulfure de carbone. De
plus, les plus gros Carabes y meurent instantanément,
surtout lorsque le flacon est fraîchement préparé, et l'on
peut en emprisonner un grand nombre sans crainte de les
voir s'entre-dévorer. »

Quel que soit le procédé adopté pour préparer le flacon au cyanure de potassium, il ne faut pas oublier que
cette substance est extrêmement dangereuse ; on ne saurait donc prendre trop de précautions pour procéder à sa
manipulation, il faut avoir soin de bien boucher les flacons dès qu'on en a extrait les insectes.

Boîte à insectes. — On emporte en excursion plusieurs
boîtes en fer-blanc (fig. 18) utiles pour rapporter les

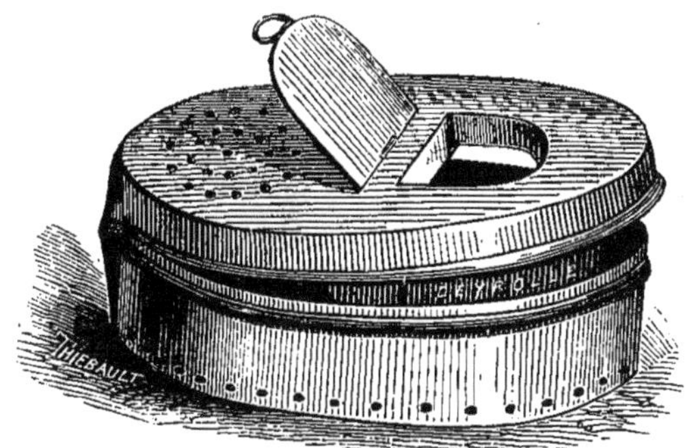

Fig. 18. — Boîte à double ouverture.

insectes que l'on veut étudier vivants, elles sont percées
de trous pour laisser pénétrer l'air ; un trou pratiqué
dans le couvercle, garni d'une tubulure en métal, empêche les insecte de remonter vers l'ouverture et permet d'en mettre un bon nombre dans la même boîte
sans les blesser et sans risquer qu'ils s'échappent.

Quelques insectes velus ou squameux doivent être

piqués immédiatement après leur capture; on se munit,
dans ce cas, de la boîte en fer-blanc (fig. 19); le liège

Fig. 19. — Boîte de chasse.

dont elle est garnie est apparent, de façon que les
épingles y pénètrent plus facilement. Il faut avoir soin
de mettre le couvercle du côté du corps lorsqu'on porte
la boîte en bandoulière, de peur que pendant la marche
le couvercle ne s'ouvre s'il a été mal fermé par mégarde.

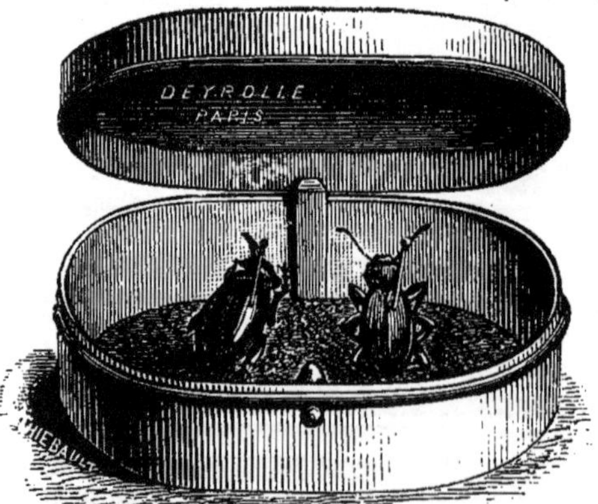

Fig. 20. — Boîte de poche s'ouvrant à ressort.

On emploie, dans le même cas, la boîte à ressort (fig. 20) ; le fond est liégé pour y piquer les insectes. Elle présente l'avantage de pouvoir être ouverte d'une seule main en appuyant sur un bouton qui fait agir un ressort destiné à soulever le couvercle et à maintenir la boîte ouverte.

Comme il est indispensable d'avoir toujours un approvisionnement d'épingles pendant une excursion, on peut emporter la boîte (fig. 21) où les épingles sont placées

Fig. 21. — Boîte d'épingles.

par grosseurs dans divers compartiments. La boîte étant plus pratique à la maison qu'en excursion, les Entomologistes préfèrent généralement la pelote (fig. 22) ; elle est

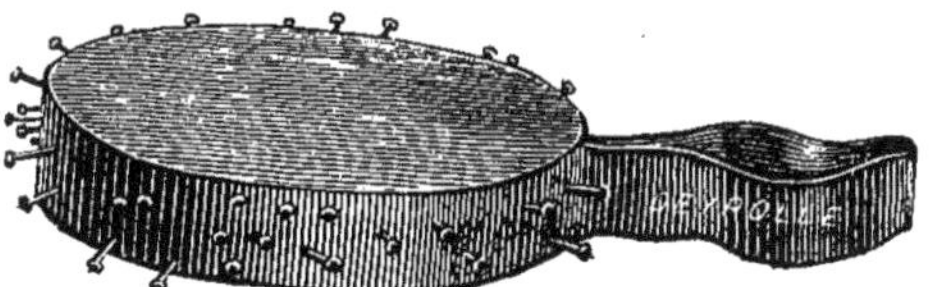

Fig. 22. — Pelote de chasse.

ronde et composée de deux morceaux de carton recouverts de soie verte et reliés par un ruban sur lequel on pique les épingles; en excursion on la suspend à la boutonnière.

Pour recueillir les petits insectes, il est bon de se munir de quelques tubes en verre où on les place séparément; on peut emporter une trousse de ces tubes (fig. 23).

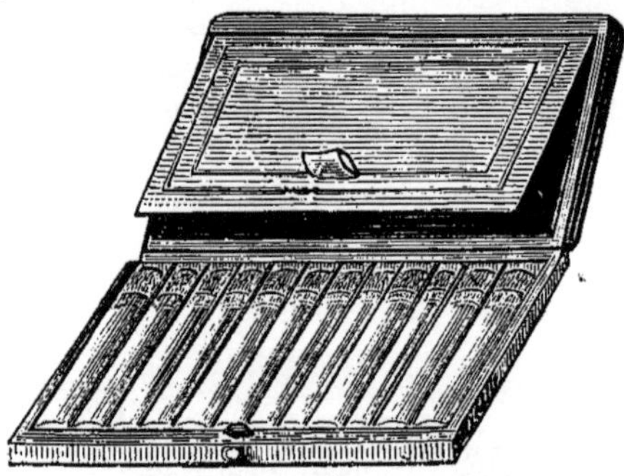

Fig. 23. — Trousse de tubes.

Pince. — On doit toujours se munir de pinces pour saisir les petits insectes qu'on ne pourrait prendre avec les doigts et pour les. atteindre dans les trous ou sous l'écorce de arbres ; on se sert ordinairement de *pinces à pointes fines* (fig. 24 et 25); on emploie aussi avec avan-

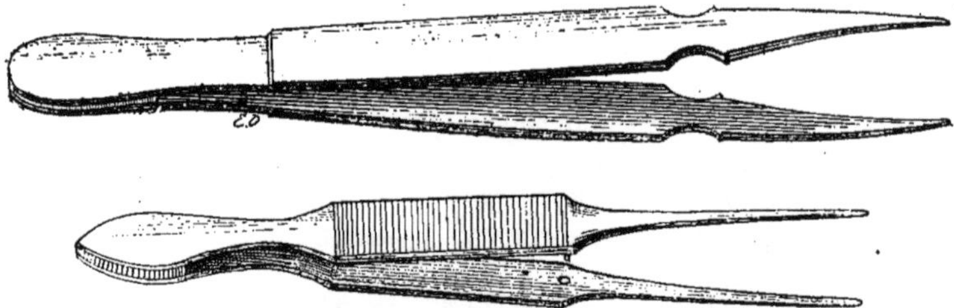

Fig. 24. Pince à pointes fines ordinaire. — Fig. 25. Pince à pointes fines dernier modèle.

tage la pince modèle (fig. 26) de la Bruleric. Enfin

Fig. 26. — Pince de chasse, modèle de la Bruleric.

l'Entomologiste ne devra pas oublier la loupe toujours si utile en excursion.

Recherches des Coléoptères. — La chasse des Coléoptères peut se faire toute l'année et n'est réellement infructueuse que dans les moments de grand froid ; mais ces animaux ont des mœurs si variées que l'expérience seule peut nous les faire découvrir.

« Dès le mois de février, dit M. Fairmaire, quand le temps s'adoucit, les insectes qui sont restés enfouis dans leurs retraites commencent à en sortir : à ce moment il faut chercher sous les mousses, sous les pierres, et surtout le long des rivières, lorsque, après une inondation, les eaux commencent à se retirer ; celles-ci, en pénétrant dans les prés, ont forcé une foule d'insectes à sortir de terre, ils sont entraînés par le fleuve et le courant les dépose aux endroits où il se ralentit, mêlés avec des détritus végétaux que l'on voit dans ces occasions amoncelés sur les rives. Ce sont surtout les *Carabiques* et les *Staphylins* qui abondent sous ces détritus ; on y rencontre aussi quelques *Psélaphiens*. Le *Polystichus fasciolatus* ne se trouve jamais que dans les détritus des inondations.

A la même époque il faut chercher dans les prés, au pied des arbres, certaines espèces, comme les *Chlænius*, les *Drypta*, les *Blethisa* qui ne se montrent qu'au commencement de l'année ; les *Dromius* et les *Lebia* qui vivent sous les écorces d'arbres sont dans le même cas.

En mars-avril, si l'on rencontre dans les bois des fagots qui y ont passé l'hiver, il ne faut pas négliger de les battre ; plus ces fagots seront anciens, mieux ils vaudront.

4

On peut aussi commencer de bonne heure à chercher sous les pierres, surtout dans les endroits secs. Il ne faut pas que les pierres soient trop resserrées, car alors les insectes trouvant un grand nombre de refuge s'éparpillent et rendent les recherches moins fructueuses. Il ne faut pas négliger de chercher sur les plus grosses pierres, même enterrées sous le sol; c'est le seul moyen de se procurer certains Coléoptères aveugles qui vivent enfoncés dans la terre comme dans les cavernes. Le long des rivières, lorsque les rives sont sablonneuses et bien exposées au soleil, il faut piétiner sur le sable et y jeter de l'eau pour faire sortir les *Heterocerus, Omophron, Bledius,* ordinairement enfoncés à quelques centimètres.

Aux bords sablonneux de la mer il ne faut pas négliger de retourner les pierres, les bois, etc., sous lesquels se cachent des *Pogonus, Scarites, Nebria;* sous les algues à moitié desséchées on trouve des insectes souvent fort rares; il faut retourner ces algues, chercher dans le sable un peu humide qu'elles recouvraient et le creuser à quelques centimètres, parce que plusieurs insectes s'y enfoncent : les *Heterocerus, Phaleria, Trachyscelis, Saprinus;* ensuite on étend les algues sur une nappe et on les secoue de manière à faire tomber les insectes qu'elles pourraient renfermer.

Il ne faut pas oublier non plus de visiter, à marée basse, les bancs de sable que la mer laisse à découvert dans les baies; c'est là que l'on trouve les *Diglossa,* les *Bembidium,* les *Æpus.* C'est aussi sur les plages sablonneuses de la mer que l'on voit courir par bandes nombreuses des *Cicindèles* de plusieurs espèces.

Il faut visiter les ornières pleines d'eau et y pêcher avec un filet n'ayant pas plus de 4 à 5 centimètres de diamètre; on y prend des *Altises* et beaucoup d'autres Coléoptères rares.

Dès le mois d'avril on peut commencer à se servir du filet; c'est surtout au mois de mai et en juin, lorsque les prairies sont en fleur, que le filet est utile pour ramasser une quantité de *Chrysomélines* et de petits *Charançons*. Il ne faut pourtant pas se borner aux prairies : les lisières des forêts, les clairières, les haies doivent être soigneusement explorées ; il en est de même pour les roseaux, les joncs, sur lesquels on trouve les *Donacies*.

Le soir, au crépuscule, la chasse au filet produit de bons résultats ; il faut le promener à quelques centimètres de terre dans les endroits où l'herbe est courte ; quand elle est haute, on effleure le sommet de tiges ; mais une condition essentielle de cette chasse est qu'il n'y ait point de rosée.

Pour les *Choleva* et *Catops*, il est bon de se faire une espèce de charnier où l'on dépose les rats, les taupes, enfin tous les petits cadavres que l'on peut se procurer, jusqu'à ce qu'ils soient complètement desséchés et rongés, mais les Pies sont des ennemies dangereuses pour ces nécropoles : il faut donc les recouvrir d'un dôme en toile métallique dont les mailles sont calculées de manière à laisser passer des insectes petits et moyens.

On peut chasser les *Hydrocanthares*, les *Hydrophyles* et en général les insectes aquatiques toute l'année ; l'automne est la saison où ils sont le plus abondants.

Les arbres morts, ceux qui ont des plaies, les monceaux de bois sont autant de places précieuses pour le Coléoptériste ; c'est là seulement qu'il pourra trouver des *Xylophages*, dont plusieurs sont fort rares. Quand le soleil frappe sur les tas de bois, on voit sortir des *Longicornes, Enoplium,* des *Buprestides ;* les *Priones,* et quelques Charançons ne sortent que le soir. Sous les écorces à moitié soulevées, surtout sous celles des pins, on trouve des insectes auxquels la forme déprimée du corps facilite la locomotion dans ces espaces rétrécis. Quand on rencontre un tronc d'arbre dont l'intérieur à moitié décomposé est habité par des Fourmis, on peut espérer d'y rencontrer des *Psélaphiens* très rares.

Le moment le plus favorable pour explorer les fourmilières est le printemps et l'automne ; en été, les fourmis

sont trop actives et ne se laissent pas impunément boule-
verser. Il faut aller aux fourmilières le matin ou le soir ;
on en jette quelques poignées dans un crible qu'on
secoue sur la nappe. Les *Myrmedonia* se cachent sous les
feuilles sèches ; il faut ramasser ces feuilles et les
secouer dans le crible ou seulement les étendre sur la
nappe.

Au premier printemps et à l'automne, les feuilles
sèches, au pied des arbres, dans les fossés, les mares
desséchées, au bord des étangs donnent des récoltes
assez abondantes ; le filet à mailles est fort utile pour
cet objet.

Les fumiers, les couches à melons, la tannée, les rési-
dus qui se trouvent sur le sol des bergeries et des étables
doivent être explorés avec soin ; le tamis est le moyen le
plus commode d'extraire les petits Staphylins et quelques
autres Coléoptères propres à ces endroits.

Les champignons nourrissent un certain nombre d'insectes, principalement les *Brachélytres ;* ils sont ordinairement renfermés dans l'intérieur du champignon, mais
quelques-uns restent à l'extérieur, dans les feuillets, et
tombent au premier attouchement ; il faut donc renverser
rapidement les champignons sur la nappe pour ne rien
perdre.

Un petit nombre d'insectes habitent les caves et les
celliers obscurs, les uns sous les poutres, les morceaux
de bois et les pierres, les autres attachés aux douves
mêmes de tonneaux.

Enfin n'oublions pas de mentionner quelques endroits
tout à fait exceptionnels : les grottes et cavernes, qui
sont habitées par des insectes spéciaux généralement
privés d'yeux. La meilleure saison pour chasser les
insectes des cavernes paraît être le premier printemps,
parce que les pluies de cette époque inondent les fis-
sures de rochers et forcent les insectes à sortir des
petites excavations où ils se tiennent pour venir à la
surface du sol.

Les nids de chenilles processionnaires, ceux de Bourdons, de Frelons, de Guêpes, sont autant d'endroits qui ont leurs hôtes particuliers. Lorsqu'un nid de Guêpes ou de Frelons est bien isolé dans son enveloppe, on peut, le soir, lorsque la colonie est rentrée et tranquille, introduire dans l'ouverture un tampon de coton fortement imbibé de chloroforme ; bientôt les Guêpes ou Frelons sont engourdis ou asphyxiés et l'on peut sans danger faire l'examen de leurs cellules.

Nous n'avons que peu de chose à dire quant à la chasse sur les fleurs : les Ombellifères, les fleurs d'oignons, les Composées sont ordinairement les plus couvertes d'insectes.

Il est encore une localité trop négligée ; ce sont les murs, les parapets des ponts, des quais exposés au soleil, surtout au bord d'un bois ou dans le voisinage des chantiers et des jardins maraîchers où il y a beaucoup de fumiers et des couches.

Enfin nous devons mentionner l'estomac des oiseaux insectivores ; on ne doit pas négliger, lorsque l'occasion s'en présente, d'y chercher des insectes ; on en trouve de très bien conservés en grande quantité et souvent de fort rares, surtout chez les oiseaux nocturnes.

Pour capturer certains Coléoptères, il existe bien des procédés que l'expérience seule pourra enseigner aux débutants. M. P. Noël indique un procédé pour la chasse aux Carabes : « Je place dans mon jardin, dit-il, une grande planche sous laquelle beaucoup de *Carabus* et d'*Amara* viennent se reposer pendant le jour, et si l'on a eu soin de mettre tout autour de cette planche des vers de terre coupés par morceaux, la récolte est plus belle encore. »

Pour se procurer certains *Géotrupes* et *Staphylins*, il faut ramasser dans les champs les excréments des chevaux et des vaches, les plonger dans l'eau et agiter le mélange ; des milliers de ces animaux montent à la surface et à l'aide d'une écumoire on peut facilement les recueillir.

Enfin il ne faut pas craindre de fouiller l'estomac des

Chauves-Souris et surtout des Crapauds, on y trouve presque toujours une grande quantité d'insectes rares et souvent très bien conservés.

Mais la chasse la plus productive en insectes est celle faite pendant les inondations ; nous empruntons à M. Lucante quelques renseignements à ce sujet : « Le filet doit être employé sur les bords du courant pour prendre certaines espèces rares qu'un œil exercé verra passer. Pendant l'inondation, on fera bien de placer près des détritus qui commencent à s'amonceler et près des courants quelques fagots bien serrés, garnis à l'intérieur de feuilles et herbes touffues qui donneront asile à de nombreux naufrages. Après l'inondation, on devra soulever l'écorce des arbres qui ont été baignés par le courant, même à une certaine hauteur et dans les cavités inférieures à une certaine profondeur. Cette visite minutieuse procurera aussi des espèces rares. On devra aussi tamiser sur place, avec un grand crible, la terre sur laquelle reposaient les détritus ; les Carabiques y seront les plus nombreux. Le naturaliste remplira plusieurs sacs de ces détritus et les emportera à la maison : là, à l'abri du mauvais temps, il pourra chaque jour, pendant un mois environ, chasser tranquillement et surtout fructueusement. Sur une table garnie d'un linge blanc on étalera ces détritus par poignées seulement, en couches légères, mettant dans le flacon à sciure imprégnée d'alcool les Coléoptères ramassés. Les détritus, ainsi secoués, étalés et visités minutieusement, seront déposés dans une caisse, au couvercle de laquelle on attachera un linge blanc, non seulement pour la bien fermer, mais pour y recueillir les jours suivants certaines espèces de *Cryptorhynchides*, *Baridides* et *Cossonides* qui seront collés à la portière, Coléoptères d'autant plus rares qu'on parvient à les capturer difficilement dans d'autres conditions, **excepté pourtant dans les mousses en hiver et au printemps et pour lesquels on doit employer le même système de chasse.** »

En terminant ce chapitre, rappelons aux jeunes Coléoptéristes qu'aucun Coléoptère n'est dangereux et qu'à défaut de pinces on peut les prendre impunément avec les doigts, comme on le fait généralement pour les grosses espèces ; quelques *Carabes,* quelques *Cicindèles* et les *Lucanes* mordent assez fortement, mais cette morsure ne cause qu'une légère douleur qui se dissipe très rapidement.

Préparation des Coléoptères. — Au retour d'une excursion, la première occupation de l'Entomologiste doit être la préparation de sa récolte. Si le manque de temps ne permettait pas de préparer tous les insectes récoltés, on devra en laisser un certain nombre dans des flacons remplis de feuilles de Laurier-cerise qui les conserveront souples pendant plusieurs jours. M. le Dr Joignet a obtenu d'excellents résultats en employant un autre procédé : on remplit un flacon de 125 grammes de sciure de bois que l'on imbibe de 5 grammes d'*hydrate de chloral;* des Coléoptères ont été ainsi conservés plus d'un an dans un parfait état de fraîcheur et d'élasticité. Mais il vaut toujours mieux préparer sa récolte au retour d'excursion : on commence par tuer les insectes, car il ne faut pas se tromper à l'état d'asphyxie où les substances contenues dans le flacon les ont plongés; il est prudent de les mettre dans une petite boîte en fer-blanc qu'on expose à la flamme d'une bougie ou d'une lampe, en ayant soin de ne pas chauffer plus que la main ne pourrait le supporter et d'y revenir autant de fois qu'il sera nécessaire. Il est encore préférable de plonger ses boîtes en fer-blanc ou ses flacons dans l'eau bouillante ou la vapeur d'eau; les insectes qui ont été placés dans l'alcool doivent être retirés, lavés avec de l'alcool plus fort et séchés avant d'être préparés. Lorsque tous les insectes sont morts, on les verse sur du papier buvard fin et on sépare les grosses et les petites espèces, ces dernières devant être préparées d'une autre manière (les insectes qui ont moins de 5 millimètres de long ne doivent pas être piqués).

On commence par les grosses espèces : chaque insecte sera piqué au moyen d'une épingle proportionnée à sa taille; il vaut mieux prendre une épingle trop fine que trop grosse, car celle-ci défigurerait l'insecte. On se sert pour cette opération d'une *pince à bouts recourbés* (fig. 27)

Fig. 27. — Pince à piquer à bouts recourbés.

qui permet d'enfoncer l'épingle dans le liège en la prenant au-dessous de l'animal et près de la pointe; sans cet instrument, on risque de briser les insectes avec les doigts. Les épingles qu'on emploie varient selon la taille de l'insecte (voir fig. 28). Tous les Entomologistes n'adoptent pas les mêmes épingles; celles de fabrication française varie de 36 à 42 millimètres de longueur;

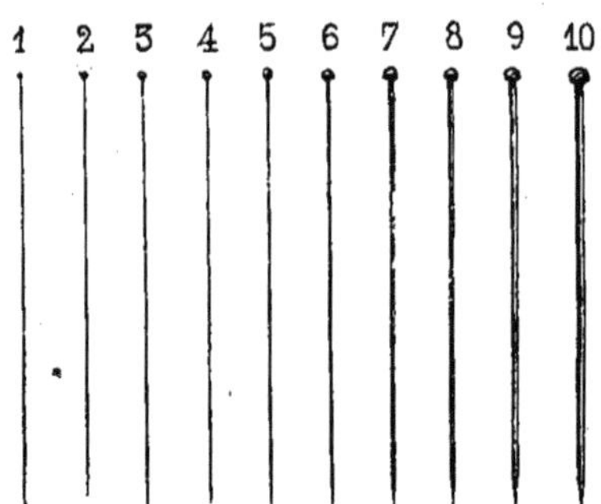

Fig. 28. — Epingles à insectes.

quelques amateurs préfèrent les épingles dites *Lyonnaises;* mais celles fabriquées en Autriche sont, sans

contredit, d'une qualité bien supérieure. On peut aussi
employer des épingles en nickel qui sont moins exposées à s'oxyder. Ce qu'il faut rechercher avant tout, c'est
que l'épingle soit bien aiguë et élastique; on ne doit
aussi se servir que d'épingles de longueur égale dans
une collection. Pour faciliter le choix des épingles, on
place devant soi la boîte (fig. 21) où elles sont séparées
par grosseur.

Tous les Coléoptères se piquent sur l'élytre droite
en regardant l'insecte la tête en haut, entre l'écusson
et le bord externe; on enfonce l'épingle lentement et
bien perpendiculairement à la surface du dos, jusqu'à
ce qu'elle sorte entre la deuxième et la troisième paire
de pattes. Quant à l'attitude à donner à l'insecte,
quelques ouvrages recommandent d'étendre les pattes
et les antennes; ce procédé est généralement abandonné
aujourd'hui; on risquait de briser les membres en vou-
lant leur donner l'*attitude* et les insectes ainsi préparés
occupaient beaucoup plus de place et étaient exposés à
s'accrocher à leurs voisins dans la collection. Il est préférable de ramener les pattes sous le corps et les antennes
le long du corselet. Pour certains gros Coléoptères,
comme les *Curculionides*, dont les élytres offrent beaucoup de résistance, on doit les percer d'abord avec une
aiguille afin d'y introduire l'épingle, qui, sans cette
précaution, serait exposée à se tordre. Quand on possède
plusieurs individus d'une même espèce, on peut en piquer
l'un en dessus et l'autre en dessous.

Tous les Coléoptères doivent être piqués à la même
hauteur. Les étaloirs spéciaux (fig. 28 *bis*), faits dans ce
but, permettent de plus la dessiccation de l'insecte.

Les insectes ne devant pas être renfermés de suite dans
la collection, on dispose devant soi des plaques d'agave
ou de tourbe recouvertes de papier sur lesquelles on
pique provisoirement ses insectes; on les renferme
ensuite dans une armoire, à l'abri de la poussière et des
Anthrènes, jusqu'à ce que leur complète dessiccation

permette de les placer définitivement dans la collection :
pour qu'un insecte soit bien desséché, il faut que ses
articulations ne jouent plus; s'il reste souple, il est mal

Fig. 28 *bis*.

desséché et cette souplesse est due à la décomposition
des organes servant à relier les diverses parties du corps.

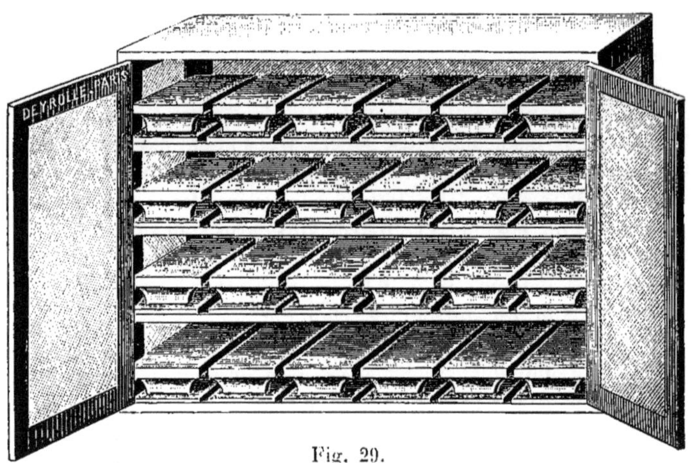

Fig. 29.

Le séchoir à Coléoptères modèle Finot est un meuble me-
surant longueur 0ᵐ55 × largeur 0ᵐ33 × hauteur 0ᵐ40.
Il peut contenir vingt-quatre étaloirs à Coléoptères, de
0ᵐ20 qui y sont fixés au moyen de coulisse; ils ne
peuvent donc bouger, même pendant le voyage.

Nous avons dit que les petites espèces ne devaient pas
être piquées; néanmoins les anciens collectionneurs les

piquaient, d'autres remplacent l'épingle par un fil de fer
ou de platine extrêmement fin planté sur de petits
morceaux de sureau fixés au fond de la boîte; ce fil est
très fragile, il peut s'oxyder ou se briser dans le corps
de l'insecte. Les petites espèces à téguments mous
doivent être conservées dans l'alcool, la dessiccation les
rendant souvent méconnaissables. Pour tous les autres
micro-coléoptères le meilleur système consiste à les
coller. Les procédés diffèrent encore pour cette opération.
« Quelques Entomologistes, dit M. Fairmaire, fixent
l'insecte à la pointe d'une petite bande de papier fort ou
de carte en forme de triangle, tantôt avec de la gomme
arabique, tantôt avec du vernis; cette dernière matière
est très désagréable, parce qu'il faut la faire dissoudre
dans l'alcool pour retirer l'insecte. On a imaginé depuis
de mêler à la gomme arabique la moitié de son poids de
sucre, ce qui donne du liant à la gomme et l'empêche
de se détacher lorsqu'elle est sèche; il faut toujours se
servir de gomme en morceau, parce que la gomme
réduite en poudre se transforme en partie en amidon, ce
qui la rend opaque et moins tenace; il faut aussi employer du sucre candi ou du sucre en pain de bonne
qualité, ce mélange est moins fermentescible. La gomme
mêlée au sucre devient hygrométrique et attire l'humidité; il est donc utile, pour empêcher toute végétation
parasite, de mêler à la gomme un peu d'alcool tenant en
dissolution un peu de sublimé corrosif (*bichlorure de
mercure*), ou, mieux encore, de l'acide phénique. En
outre, on remplace ordinairement la carte par une
paillette de mica quadrangulaire, au milieu de laquelle
est collé l'insecte; de cette manière il ne court aucun
risque.

Les partisans du système précédent reprochent à celui-
ci d'empêcher de voir le dessous des insectes; mais c'est
là une objection puérile : d'abord il est très facile, quand
on a plusieurs individus d'une même espèce, d'en mettre
un sur le dos; en deuxième lieu, il est non moins facile,

quand on veut examiner en dessous un insecte collé, de le jeter dans quelques gouttes d'eau distillée; une fois décollé, on l'examine, et beaucoup plus facilement que s'il était piqué.

Lorsqu'on prépare des insectes qui, comme les *Ptilium*, ne sont pas plus gros qu'une piqûre d'épingle, il faut commencer par coller, au milieu du mica, un petit carré de papier blanc un peu plus grand que l'insecte, et sur ce papier on place le coléoptère. Cette précaution est nécessaire pour le bien apercevoir, ce qui serait difficile sur le mica, à cause du brillant de cette matière.

Les amateurs qui préfèrent les insectes collés sur de petits morceaux de papier fort ou de carte se servent avec avantage d'une feuille tendue sur un petit cadre en bois ayant environ 1 centimètre d'épaisseur. Avant de coller le papier, on trace à l'encre les cases qui doivent contenir les insectes et l'on coupe d'avance sur les lignes longitudinales, de sorte que, la feuille pleine, quelques coups de ciseaux suffisent pour tout diviser. »

On trouve à la maison Deyrolle ces petits cartons (fig. 29 *bis*) tout préparés; les divisions sont imprimées sur papier bristol; ces cartes ayant les divisions longitudinales découpées, un coup de ciseau en travers suffit pour les séparer. On peut se procurer chez le même naturaliste : 1° des paillettes de mica dont la base est garnie d'une bandelette de papier que traverse l'épingle pour éviter la cassure du mica; 2° de la gomme arabique préparée avec de l'acide phénique pour fixer les petits insectes sur carte ou sur mica.

Parmi les gros Coléoptères, quelques espèces, comme les *Scarabées* et les *Priones*, ont le corps d'une telle grosseur qu'ils ne pourraient être conservés par les procédés ordinaires. Il en est de même pour les femelles de *Méloé*, de *Chrysomela* et d'*Adimonia*, dont le corps est quelquefois démesurément distendu par les œufs qu'elles portent. Dans ce cas, on détache le corselet de l'abdomen; au moyen d'un petit crochet, on vide ce dernier et, après y

avoir introduit un peu de préservatif, on remplace les
parties enlevées par un peu de ouate et on rajuste le

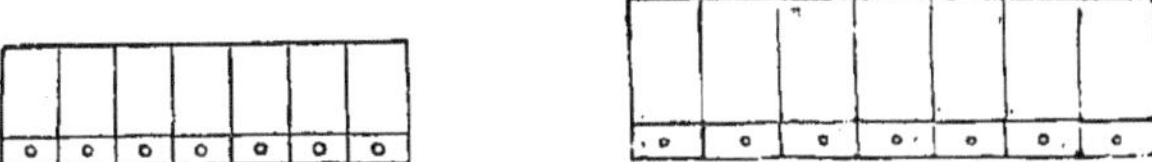

Fig. 29 *bis*. — Cartons préparés pour coller les petits insectes.

corselet à l'abdomen au moyen de gomme arabique.
(Capus.)

Manière de ramollir les insectes. — Lorsqu'on n'a pu préparer ses insectes au retour d'une excursion, quelques-uns se sont desséchés et ne peuvent plus
être préparés sans danger, les membres et les antennes
se briseraient au moindre contact; il est alors nécessaire de les ramollir : on place l'insecte sur du sable ou
du grès humide, on le recouvre d'un verre ne laissant
pas circuler l'air et au bout de huit ou dix heures au plus,
il a recouvré son élasticité et on peut alors le préparer.
On opère de même pour les insectes qui se seraient
déformés par la dessiccation; lorsque le sujet est ramolli, on redresse, à l'aide d'une pince très fine les
membres déformés. On peut encore ramollir les insectes
par un autre procédé : « On prend une assiette d'une
capacité moyenne, on y verse de l'eau, on met au milieu
de l'eau une poignée d'étoupe mouillée et on place l'insecte dessus, de manière que ses ailes ne touchent
pas à l'étoupe; on recouvre ensuite le tout avec une cloche
de verre. Au bout de vingt-quatre heures, l'insecte est
complètement ramolli. » (Capus.)

Les petites espèces qui doivent être collées sont plon-
gées dans l'eau distillée où on les laisse se ramollir
pendant quelques minutes, puis on les retire avec un
pinceau, on les dépose sur une feuille de papier non
collé pliée en plusieurs doubles pour absorber l'humidité; on arrange ensuite les membres et les antennes
avec un pinceau; si c'est un insecte recouvert de poils

ou de duvet, il faut, avant tout, prendre une goutte d'eau avec le pinceau, la déposer sur l'insecte placé sur le papier et le laisser sécher, afin que les poils ne puissent se coller les uns sur les autres. Quand l'insecte est sec, on pose sur la carte ou sur le mica une petite goutte de gomme, et à l'aide du pinceau légèrement mouillé, on y dépose l'insecte, qui doit être complètement sec, car. sans cette précaution, la gomme remonterait sur le corps par l'effet de la capillarité.

Manière de réparer les insectes. — Malgré toutes les précautions prises par l'entomologiste, il arrive fréquemment que des insectes se cassent pendant la préparation; pour les réparer, on emploie la gomme laque dissoute dans l'alcool ou la colle forte liquide; la gomme arabique ne présente pas assez de solidité et se moisit très facilement.

Préparation des larves d'insectes. — Dans une collection, il est intéressant de réunir les larves et les nymphes à l'état parfait; on peut, pour les conserver plus sûrement, les placer dans des tubes remplis d'alcool, mais on peut aussi les préparer par un procédé spécial qui consiste à les vider et à les souffler.

« Voici comment on procède : on prend un vase de tôle fait en forme d'entonnoir; on place ce vase dans de la cendre bien chaude, de manière que le sommet de cette espèce de cône se trouve en bas et son ouverture en haut. Lorsqu'il est suffisamment échauffé, on prend la larve que l'on veut préparer, et, après avoir pratiqué une petite ouverture à l'extrémité inférieure de l'abdomen, on presse le corps dans toute sa longueur, et on fait aisément sortir tous les viscères et les intestins. Lorsque la larve est vidée, on introduit dans l'ouverture qu'on a faite le bout d'un tube en verre ou d'un chalumeau de très petit diamètre. On maintient le tube dans la peau en faisant un nœud avec un fil, ensuite on souffle par l'autre ouverture du tube jusqu'à ce que la peau soit remplie d'air ; en même temps, on introduit la larve dans l'intérieur du vase de tôle et on l'y tient plongée en roulant ce tube entre les doigts et en continuant de souffler. La chaleur dégagée par les bords du vase enlève bientôt toute l'humidité de la peau. Lorsqu'on s'aperçoit que la larve est assez desséchée pour que la peau conserve la forme qu'on lui a donnée en la soufflant, on retire le tube du corps et la larve est préparée. On la place ensuite à côté de l'individu adulte. » (Boitard.)

Collection de Coléoptères. — On peut adopter pour l'arrangement de cette collection des boîtes, des tiroirs ou des cadres, mais ils doivent fermer hermétiquement, sinon les Mites et les Anthrènes y auront vite fait des dégâts irréparables. Le système le plus commode consiste en l'emploi de cartons ayant environ 26 centi-

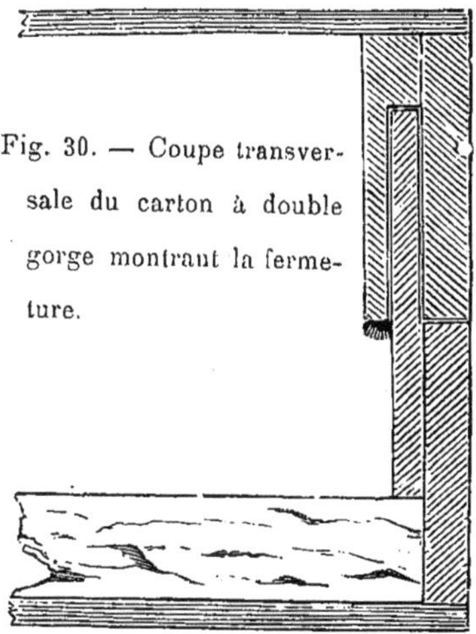

Fig. 30. — Coupe transversale du carton à double gorge montrant la fermeture.

mètres et 19 centimètres. Le fond est garni de liège et recouvert de papier.

Les meilleurs cartons sont ceux à double gorge,

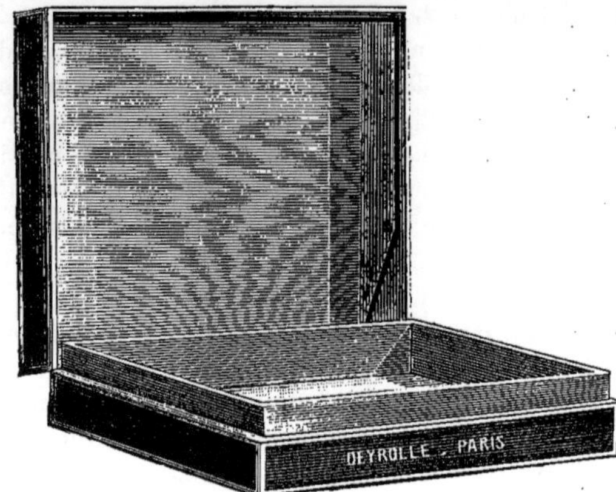

Fig. 30 *bis*. — Carton à fermeture double-gorge.

(fig. 30 et 30 *bis*) qui, par leur fermeture, ne laisse passage ni à la poussière ni aux insectes destructeurs.

Comme cadres ou tiroirs, ceux faits en bois de calcédrat

Fig. 31. — Cadre en bois de calcédrat.

(fig. 31) doivent être choisis à l'exclusion de tout autre.
Ce bois de calcédrat ne joue pas et l'odeur seule suffit
pour éloigner les insectes destructeurs. De plus, un système de fermeture hermétique, à gorge, que la maison
Deyrolle adapte à tous les cadres qu'elle fabrique, met
les collections à l'abri de la poussière.

Ces cadres sont ensuite réunis en un meuble de 10, 20, 40, 50, etc , tiroirs ; la figure ci-contre représente un meuble de 40 tiroirs (fig. 32).

Fig. 32.

Pour le classement et le remaniement des collections, ces cadres sont faits de telle sorte et avec une telle précision, qu'ils sont tous assez exactement de la même dimension pour être changés indistinctement de casier, ce qui permet de faire des additions aux collections, sans être obligé de remanier les insectes contenus dans toutes les autres boîtes.

Les Coléoptères sont disposés en colonnes, mais il faut laisser un certain espace entre chaque espèce, de manière à y placer les nouveaux exemplaires que l'on se procurera dans les excursions ou par échange. Les étiquettes indiquant le genre et l'espèce sont fixées à l'aide de deux *épingles camions* ; on adopte des étiquettes diversement colorées selon la patrie de l'insecte ou selon les genres. L'étiquette portant le nom de l'insecte est piquée au-dessous du sujet ; comme les sexes sont quelquefois très différents dans une même espèce, il est dans l'usage d'indiquer le sexe au moyen des signes particuliers adoptés par tous les naturalistes : ♂ mâle et ♀ femelle.

Pour la détermination et la classification des espèces françaises, on peut consulter la *Faune élémentaire des Coléoptères de France* par Fairmaire (1), l'*Histoire naturelle des Coléoptères de France* par Mulsant.

Conservation des collections. — De toutes les collections d'histoire naturelle, celles d'insectes sont les plus exposées à la destruction ; de petits insectes, lorsqu'ils parviennent à s'y introduire, y causent des dégâts immenses et finiraient par les anéantir si l'Entomologiste ne se mettait en garde contre ces terribles ravageurs. Ces ennemis sont les *Anthrènes*, petits Coléoptères de forme ovale, les *Ptinus* qui sont aussi de petits Coléoptères bruns, allongés, à antennes assez longues, les *Dermestes*, plus grands que les précédents, enfin les larves de ces trois genres. Un petit *Acarus*, le *Tyroglyphus entomophagus*, attaque aussi les collections ; on le trouve soit sur les Insectes, soit dans leur intérieur, soit dans la poussière au fond des cartons. Pour garantir les collections d'insectes, les procédés sont nombreux, mais

____

(1) Les Fils d'Emile Deyrolle, éditeurs. Prix 6 fr. 50 (planches en couleur).

tous ne sont pas efficaces ; on emploie l'*éther sulfurique*, la *benzine*, l'*extrait de Laurier-cerise*, l'*essence de thym*, le *sulfure de carbone*, l'*acide phénique*. Toutes ces substances détruisent les Anthrènes, mais les *Acarus* résistent à la plupart et ne sont radicalement détruits que par l'acide phénique et le sulfure de carbone. La naphtaline et la benzine phéniquée sont les préservatifs généralement employés et qui jusqu'à ce jour ont donné les meilleurs résultats. On peut placer dans chaque carton un morceau d'éponge piqué à l'extrémité d'une épingle et imbibé de ces substances. Nous signalerons un modèle de fiole, destinée à contenir ces liquides conservateurs, dont l'invention est due à M. Sauvinet (fig. 33).

Ces fioles peuvent contenir n'importe quel liquide préservateur ; une disposition ingénieuse permet que l'évaporation soit constante tout en étant lente ; de plus, elles sont absolument inversables, quel que soit le mouvement

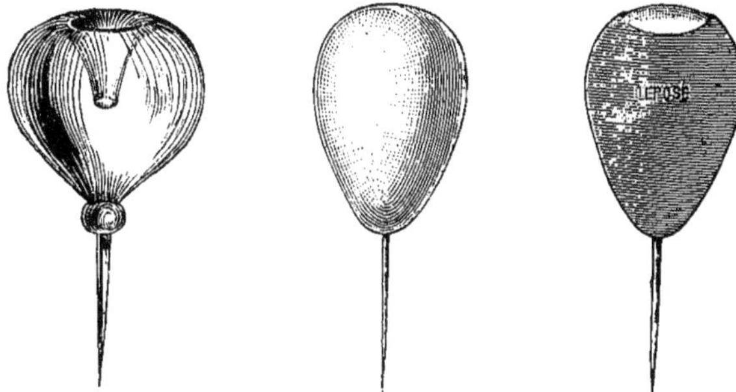

Fig. 33.   Fig. 33 *bis*.

que l'on imprime au récipient. On se sert, pour l'introduction du liquide dans ces fioles, d'une pipette en verre. Les fioles destinées aux collections d'insectes portent à la base une épingle fixée dans l'appareil, ce qui permet de les piquer très solidement dans le liège de la boîte.

La naphtaline s'emploie concentrée en boules spéciales (fig. 33 *bis*) fabriquées par la maison Deyrolle ; elles se font en boules à évaporation rapide ou à évaporation lente.

On reconnaît la présence des *Acarus* à une sorte de poussière brune qui s'attache au fond et aux parois des boîtes ; en l'examinant à la loupe, on y voit bientôt se mouvoir de nombreux *Acarus* dont quelques-uns seulement sont à l'état parfait. Pour les détruire on a obtenu de très bons résultats par l'emploi : 1° de l'*essence de mirbane* ou *nitrobenzine* versée sur une éponge placée dans chaque carton ; il faut avoir soin d'imbiber l'éponge de temps en temps, à cause de la volatilité de cette essence ; 2° par la *naphtaline* pure, concentrée, montée en boule sur épingle (fig. *33 bis*).

Lorsqu'on s'aperçoit qu'un insecte est attaqué, ce qui se constate facilement par la présence d'une légère poussière sur le corps et par les débris tombés dans le carton au-dessous de l'insecte, M. le Dr Jacobs (1) recommande l'emploi d'une dissolution de naphtaline dans la benzine ; on y plonge l'insecte et après dessiccation on enlève au pinceau les fins cristaux de naphtaline qui se sont formés sur la surface du corps, la dissolution ayant suffisamment pénétré les parties internes où une coupe fait reconnaître la présence de la naphtaline.

On a aussi employé dans le même cas le *chloroforme* dont on badigeonne l'insecte avec un pinceau. Quant à l'emploi du *mercure métallique*, répandu en poussière dans les cartons, il est d'une efficacité très contestable.

Les collections entomologiques ne sont pas seulement exposées aux ravages des insectes, elles sont aussi attaquées par la moisissure, surtout lorsqu'elles sont placées dans un local humide. Dans ce cas, on recommande, si la collection est placée dans un meuble, d'y déposer une boîte d'environ 8 centimètres dans laquelle on met du *chlorure de calcium* qui est très avide d'eau ; le couvercle de la boîte doit être percée de trous ; on aura soin de re-

---

(1) *Bulletin de la Société Entomologique de Belgique*, 1879.

nouveler le chlorure lorsqu'il sera saturé d'eau. En opérant ainsi, la moisissure ne sera plus à craindre.

Enfin M. Lafaury (1) indique la *créosote du bois* comme un liquide ayant la propriété de détruire la mousse qui existe sur les insectes ; on badigeonne une fois par an le dessous de la vitre ou du couvercle du carton qui renferme la moisissure avec la composition suivante :

Créosote................	120 parties.
Benzine rectifiée........	60 »
Acide phénique.........	60 »

La destruction de la moisissure est obtenue presque complètement en quelques heures.

Il arrive aussi fréquemment que, dans les collections placées dans un local humide, les épingles viennent à s'oxyder ; pour enlever le *vert-de-gris* des épingles, on peut immerger épingles et insectes dans la benzine ; quelques heures suffisent ordinairement pour réparer le dégât.

M. Ch. Zuber emploie l'*ammoniaque liquide*. Ce procédé ne détériore pas les insectes ; mais, dans tous les cas, il ne faut les remettre dans les cartons qu'après dessiccation complète.

Dégraissage des insectes. — Les insectes sont sujets, dans les collections, à une altération qui les fait paraître recouverts de taches huileuses ; c'est ce que les entomologistes appellent des insectes *tournés au gras*. Lorsque les sujets sont gros et d'une coloration sombre, il suffit de les plonger dans un bain de benzine rectifiée en ayant soin de les y laisser séjourner pendant quelques jours. Dans tous les autres cas, on emploie la *terre de Sommières* ; c'est une terre argileuse qui sert à dégraisser les draps ; on peut, au besoin, la remplacer par l'*argile grise à potier*. On pulvérise un morceau bien sec, on

------

(1) *Annuaire Entomologique,* 1879.

le tamise et on remplit le fond d'une boîte sur une épaisseur de 30 à 35 millimètres ; on égalise bien la surface et
on y pique les insectes, passés préalablement à la benzine ; on recouvre l'insecte avec un peu de cette terre ; au
bout de vingt-quatre heures, on pourra le débarrasser avec
un pinceau manié avec légèreté et les |taches huileuses
auront fait place aux couleurs naturelles de l'insecte.

Nous ne saurions trop recommander aux entomologistes de visiter fréquemment leurs collections ; ce n'est
que par une vigilance continuelle qu'ils pourront éviter
les dégâts que nous venons d'énumérer.

Emballage et échanges. — Les échanges d'insectes sont fréquents entre amateurs et peuvent être faits
comme échantillons par la poste ; on emploie, dans ce
cas, de petites boîtes en bois assez solides pour supporter
le transport à fond garni de liège où on pique les insectes
(fig. 34). On les expédie aussi non piqués dans des boîtes

Fig. 34.

remplies de sciure de bois blanc ; cette sciure doit être
tamisée pour que les pattes et les autres parties fragiles
des insectes desséchés ne soient pas brisés par des
parcelles de bois, mais elle ne doit pas être assez fine

pour ressembler à de la poussière. On peut humecter cette sciure, soit avec de l'alcool dans lequel on a fait dissoudre un peu de sublimé corrosif ou un dixième de sulfure de carbone, soit avec de l'acide phénique dissous dans la benzine ; ces substances empêchent la moisissure, si les insectes doivent faire un long trajet. Enfin il est prudent d'envelopper la boîte d'une feuille de ouate, recouverte ensuite de papier, pour la protéger contre les chocs auxquels elle est exposée en route.

STREPSIPTÈRES OU RHIPIPTÈRES

Ces insectes forment un petit ordre qui a été rattaché aux Coléoptères et qui renferme peu d'espèces. Ils sont d'autant plus intéressants à étudier que leurs mœurs sont encore peu connues. Leurs larves vivent en parasites sous les anneaux de l'abdomen de diverses espèces d'Hyménoptères : les *Guêpes*, les *Polistes*, surtout les *Halictes*.

Il faut rechercher les individus qui présentent des bourrelets ou des déformations à leurs segments abdominaux, ce qui les rend plus lourds et plus gênés dans leurs mouvements que leurs congénères ; on les met dans des boîtes en carton recouvertes en verre, et au bout de quelques jours, on voit les *Xénos* ou les *Halictophagus* mâles complètement développés ; les femelles ne paraissent pas sortir de l'endroit où elles ont vécu (Fairmaire). L'espèce la plus connue est le *Xénos des Guêpes* (*Xenos vesparum* Rossi).

Ces insectes à l'état parfait étant pourvus d'ailes, on devra les préparer comme les petits Lépidoptères.

LÉPIDOPTÈRES

ou

PAPILLONS

Par la beauté de leurs formes et de leurs couleurs, les Lépidoptères sont, de tous les insectes, ceux qui sont le plus recherchés; aussi les amateurs de Papillons sont-ils nombreux et ces collections offrent-elles plus d'attrait que toutes les autres, même à ceux qui sont les plus ignorants en histoire naturelle. La France, si favorisée pour la végétation grâce à sa position géographique, possède un grand nombre d'espèces, et il est facile au Lépidoptériste de former en peu de temps une intéressante collection de ces insectes.

Instruments pour la chasse aux Lépidoptères. — Le plus important est le *filet à papillons*; il est construit sur le modèle du *filet fauchoir* (fig. 35), mais la

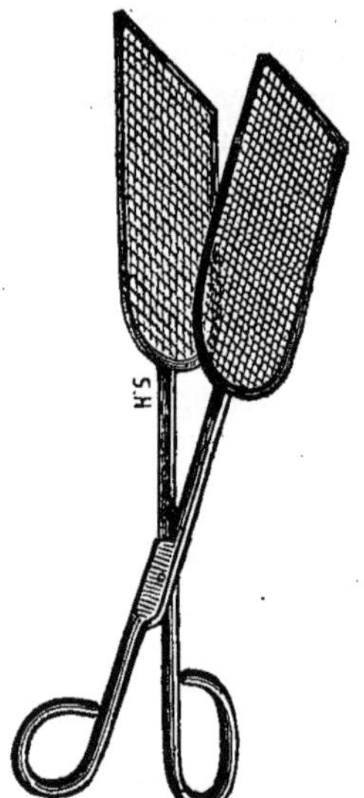

Fig. 35. — Filet à papillons.   Fig. 36. — Pince à raquettes.

toile est remplacée par une poche en crêpe lisse de soie,
assez légère pour être maniée vivement et assez solide
pour résister aux mouvements brusques ; elle est blanche
ou, de préférence, verte et cousue autour d'un cercle en
fil de fer d'environ 30 centimètres de diamètre, qui peut
se plier en deux ou en quatre au moyen de brisures, ce
qui permet de l'emporter dans le sac ou dans la boîte
d'excursion. Le filet peut se visser sur le manche en
bambou au moyen d'une douille en cuivre.

Mais le filet le plus pratique est celui inventé par la
maison Deyrolle sous le nom de *filet à ressort*.

Ce nouveau filet a le grand avantage de ne tenir qu'une
très faible place dans la poche et d'être toujours prêt à
fonctionner. Le filet étant monté sur la canne, pour le
mettre en poche, dévisser le cercle (fig. 36 *bis*) d'après la
douille, tenir d'une main la vis en cuivre filetée, de

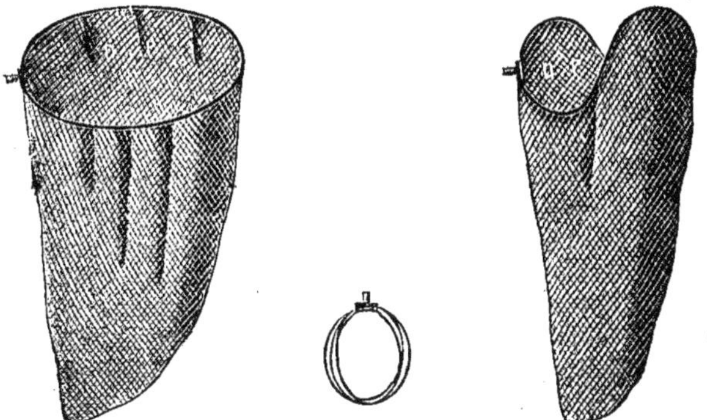

Fig. 36 *bis*. — Filet à ressort.

l'autre le cercle à la partie opposée, tourner le cercle
pour lui faire prendre la position de la figure de droite en
rapprochant les deux mains l'une de l'autre, et conti-
nuer à tordre dans le même sens jusqu'au moment où
le cercle formera trois petits cercles.

Le cercle est mobile, les poches peuvent donc être rem-
placées et changées instantanément.

Le *filet fauchoir* peut servir à récolter les chenilles vivant sur les plantes basses.

Pour prendre les papillons au repos dans les endroits où le filet ne pourrait pénétrer, on emploie la *pince à raquettes* (fig. 36); elle est formée de deux raquettes en fer méplat d'environ 14 centimètres sur 10, garnies de tulle souple et bordées d'un ruban de soie.

Les autres instruments nécessaires sont ceux que nous avons indiquées pour la chasse aux Coléoptères : l'*écorçoir* (fig. 12), le *parapluie* (3), le *maillet* (fig. 9), la *pince à pointes fines* (fig. 22), la *pelote* (fig. 25), les *épingles* (fig. 22), la *pince à bouts recourbés* (fig. 28), la *boîte à épingles* (fig. 20), la *boîte à chenilles* (fig. 21), la *bouteille de cyanure* (fig. 17), enfin la *boîte de chasse* (fig. 19).

Manière de chasser les Lépidoptères. — Les procédés pour la chasse des *Papillons diurnes* diffèrent de ceux qu'on emploie pour les *Papillons nocturnes*.

« Pour attraper un Diurne qui est posé, dit Godart, il faut s'en approcher avec précaution et surtout lui dérober l'ombre du filet. S'il est à terre, on pose dessus cet instrument, puis on lève la gaze pour aider l'insecte à monter. S'il est sur une plante, sur un tronc d'arbre ou contre un mur raboteux, on le prend en remontant et on retourne de suite le fer pour que la poche se ferme. »

Quand on a capturé un Papillon, on le cerne dans un des coins du filet que l'on tient de la main gauche, et de la main droite on saisit l'insecte par le milieu du corps entre les ailes, et on le plonge dans le flacon à cyanure où il est rapidement asphyxié, ce qui vaut beaucoup mieux que le système employé par les anciens Lépidoptéristes et qui consiste à presser le Papillon entre les doigts pour l'étouffer ; il arrivait fréquemment que l'insecte, en se débattant, brisait ses ailes ou laissait aux doigts du chasseur les écailles qui faisaient son plus bel ornement.

Aussitôt que l'on a constaté que le papillon est asphyxié

dans le flacon, on le saisit avec la pince et on le pique
·sur le corselet, de manière que la pointe sorte entre la
deuxième paire de pattes.

Le papillon ainsi piqué est placé dans la boîte de
chasse; quelques Lépidoptéristes ne piquent leurs captures qu'au retour. Certaines espèces ont le corselet assez
dur pour que les épingles soient exposées à glisser en
les introduisant, on fera bien de les piquer d'abord avec
une aiguille un peu forte, mais dont la pointe sera très
acérée. Le papillon étant une fois piqué, on remplacera
cette aiguille par une épingle proportionnée au corps de
l'insecte. « Nous nous servons avec succès, dit M. Berce,
pour piquer sur place les espèces un peu vives, d'un petit
instrument que chacun peut se fabriquer aisément. Il
consiste en trois ou quatre aiguilles réunies ensemble
l'une contre l'autre et adaptées par la tête au moyen de
cire dans un tuyau de plume qui les maintient et ne leur
permet pas de s'écarter quand on s'en sert. »

La *pince à raquettes* est indispensable, non seulement
pour prendre les Papillons au repos ou ceux d'une grande
fragilité, mais aussi pour capturer les espèces qui vivent
autour ou à l'intérieur des buissons, partout enfin où on
ne peut introduire le filet sans crainte de le déchirer.

Le *maillet* s'emploie pour chasser les papillons au point
du jour lorsqu'ils sont encore engourdis par la fraîcheur
du matin : on frappe sur les troncs d'arbres en ayant soin
de tenir le parapluie ouvert au-dessous du feuillage; c'est
surtout en mai, juin, septembre et octobre que cette
chasse est fructueuse; mais pendant l'été, les papillons
s'envolent au lieu de tomber lorsque le coup de maillet
a été donné. On peut capturer aussi par ce moyen les
papillons nocturnes qui dorment pendant le jour contre
le tronc des arbres.

La chasse des *Papillons nocturnes* demande des procédés spéciaux : beaucoup d'espèces viennent butiner sur
les fleurs au moment du crépuscule; on peut en prendre
dans les jardins, sur les trèfles, les luzernes, etc.; il vaut

mieux employer la pince à raquettes pour capturer les petites espèces. Les Papillons nocturnes étant très friands de liquides sucrés, on a inventé plusieurs moyens pour les chasser :

Chasse à la miellée.— On prépare une solution de sucre odorante en faisant dissoudre quelques fragments de sucre blanc dans de la bière éteinte ; on y ajoute un peu de rhum et un peu d'*anis* ou de *zédoaire*, dont l'odeur attire les insectes. On peut remplacer cette solution par un simple mélange d'eau et de miel dans la proportion d'environ trois cuillerées de miel pour un litre d'eau.

Les confitures peuvent avantageusement remplacer le miel et, parmi ces dernières, les meilleures sont les conserves d'abricots ou de framboises.

La chasse à la miellée, dit M. A. Corcelle, n'est en général favorable que le troisième jour ; une recommandation essentielle est de ne pas interrompre un seul soir la miellée. Il faut régulièrement mieller environ une demi-heure avant le coucher du soleil. On choisit sur la lisière des bois ou dans les vergers une rangée d'arbres, le plus possible à écorce rugueuse, et l'on badigeonne au moyen d'un pinceau le tronc depuis la base jusqu'à hauteur d'homme ; il faut mieller sur la face du tronc opposée au vent et choisir les arbres placés sous le vent de façon à porter les émanations sur un espace aussi étendu que possible. Les haies touffues, les treilles en cordon sont d'excellents endroits pour mieller ; dans ce cas, on asperge les feuilles sur toute la hauteur de la haie. »

Quand la nuit est arrivée, on vient avec une lanterne visiter ces arbres où on trouve un grand nombre de papillons qui se laissent piquer sur place. On peut renouveler sa visite plusieurs fois dans la même soirée. Cette chasse peut se faire toute l'année, mais elle est surtout fructueuse pendant les mois de septembre et d'octobre.

Quand un endroit, dit M. Berce, paraît propice pour faire une miellée, mais que les arbres manquent comme

sur les bords d'un marais, d'une prairie, d'un champ de
bruyères, etc., on supplée au défaut d'arbres en plantant
des piquets qu'on enduit de la préparation miellée ou en
tendant de fortes cordes qu'on a préalablement frottées
de son appât.

Mais la miellée naturelle est la meilleure de toutes. Ces
miellées, dit M. G. Dupuy (1), commencent aussitôt que
les pruniers sont couverts de leurs fruits mûrs : en effet,
ces fruits, dont la détérioration est commencée par des
insectes de divers ordres, offrent à l'appétit des Lépidoptères un suc dont ils sont très friands. A l'époque où les
raisins sont mûrs, les captures deviennent plus nombreuses : le filet devient inutile et je le remplace par le
flacon de cyanure, car les Lépidoptères ne s'envolent
plus : ils restent aux raisins ou se laissent tomber ; je
mets alors mon flacon ouvert sous le papillon qui se jette
au fond.

On emploie aussi les pommes pour attirer les Papillons nocturnes ; voici comment on prépare ce procédé (2) : On se procure des pommes connues dans le
commerce sous le nom de *pommes au four, pommes ta-
pées*, etc., on les coupe en deux dans leur plus grand diamètre, puis on les fait ramollir dans de l'eau pendant
une heure environ. A l'approche de la nuit on imprègne
ces morceaux de pomme (préalablement égouttés et res-
suyés) de quelques gouttes d'*éther nitreux*, puis on les
suspend par une ficelle aux branches des arbres. En cet
état, elles doivent exhaler une forte odeur de *reinette*, et
si le lieu est bien choisi et le temps favorable, on ne
tarde pas à voir arriver un grand nombre de *Noctuélites*
et de *Géomètres* ; elles se fixent sur ces pommes, en
sucent le liquide avec avidité et ne tardent pas à se griser
et à rester dans une immobilité complète ; c'est alors
qu'armé d'une lanterne et d'un large flacon préparé au

____

(1) Journal *Le Naturaliste*. 2e année, page 327,
(2) *Petites Nouvelles Entomologiques*, nos 37 et 73.

cyanure, on fait la visite de ses appâts. Lorsque l'on en
voit un chargé de papillons, on le plonge dans le flacon,
on le secoue légèrement, de manière à en détacher les
Noctuelles, puis on passe à un autre. Il est bien entendu

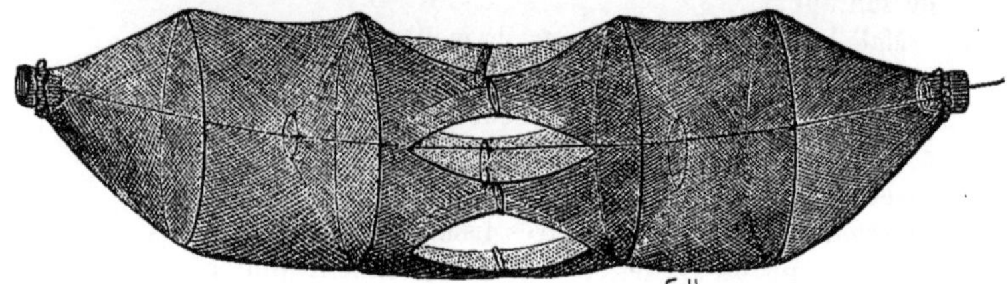

Fig. 37. — Piège de Peyerimhoff.

que le flacon sera bouché immédiatement, de façon à
tuer les captures. »

Il est important de ne mettre sur les pommes qu'une
petite quantité d'*éther nitreux*, afin de ne pas masquer
l'odeur de reinette qu'elles doivent exhaler par une odeur
alcoolique qui n'attire plus les papillons.

Dans le cas où l'on ne pourrait se procurer de l'éther
nitreux, on pourrait au besoin le remplacer par l'*éther
sulfurique;* quelques Lépidoptéristes emploient aussi une
dissolution de miel ou de mélasse dans du rhum.

M. de Peyerimhoff a inventé un piège (fig. 37) qui a la
forme d'une nasse à l'intérieur de laquelle on met l'appât;
les Papillons, attirés par l'odeur, y pénètrent et tombent
repus au fond du piège; on peut les prendre le lende-
main en toute sécurité. On peut se procurer ces pièges
chez M. Deyrolle.

Voici le procédé employé par M. de Peyerimhoff pour
préparer les pommes : « Je coupe, dit-il, en deux ou
quatre morceaux, suivant la taille du fruit, des pommes
de n'importe quelle espèce ; j'enfile aussitôt les quartiers
à un fort fil, par chapelets de 15 centimètres de long ;
ces chapelets sont ensuite déposés, aussi serrés que possible, dans un vase de verre ou de grès et totalement

recouverts de sucre fin ; au bout de vingt-quatre heures
le sucre est fondu, on recouvre de nouveau les fruits de
sucre fin, de telle sorte qu'ils nagent complètement dans
leur propre sirop; on les y laisse pendant une douzaine
de jours; après quoi on les en retire par l'extrémité des
fils qu'on a laissé pendre hors du vase et qui servent à
suspendre les chapelets à l'ombre et à l'abri des mouches,
afin qu'ils s'égouttent et sèchent pendant une huitaine de
jours. Ils sont de bonne qualité lorsque au bout de quelque
temps ils ont pris une couleur de chocolat clair et qu'ils
restent visqueux à leur surface; on les conserve dans
des boîtes en fer-blanc. Le sirop se conserve indéfiniment
dans un endroit frais, il est excellent, mélangé à son
volume d'eau, pour être frotté contre les arbres et contre
les palissades. »

Après avoir suspendu ses appâts, il faut avoir soin de
marquer les arbres avec un morceau de papier blanc
afin de les reconnaître dans l'obscurité ; on doit pendant
cette chasse garder le silence le plus profond et surtout
ne pas fumer, si on se trouve sous le vent. Les meilleurs
mois pour cette chasse sont : mars, avril, août, septembre
et octobre.

Beaucoup de papillons nocturnes viennent butiner sur
les bruyères lorsqu'elles sont en fleur; on peut les
chasser à cette époque au moyen des pinces et d'une
lanterne. On opère de même sur le lierre dont les fleurs
attirent les Papillons, mais comme elles sont souvent à
une certaine hauteur, on se sert pour cette chasse de la
lanterne-piège : la lanterne, fixée à l'extrémité d'un long
bâton, éclaire un filet placé devant et destiné à recueillir
les Lépidoptères qui tombent éblouis par la lumière; on
peut employer dans le même cas le *troubleau en Y*,
dont les deux bras, formés de bois flexible ou de baleines,
sont reliés à leur extrémité supérieure par une corde
également flexible qui permet d'appliquer le filet exactement contre le tronc d'arbre et d'y recueillir les Papillons.

La *chasse au drap*, qui a été surtout mise en pratique par M. Gueynon, Lépidoptériste lyonnais, se fait la nuit, sur les hauteurs, le plus près possible des bois ou dans les clairières : on dresse son drap en forme de tente avec deux ou trois piquets et la lanterne à côté ou mieux au-dessus; on attend que les Papillons montent, attirés par la lumière qui les éblouit, on s'en empare, alors avec un très petit filet.

M. P. Noël a trouvé un procédé très ingénieux pour

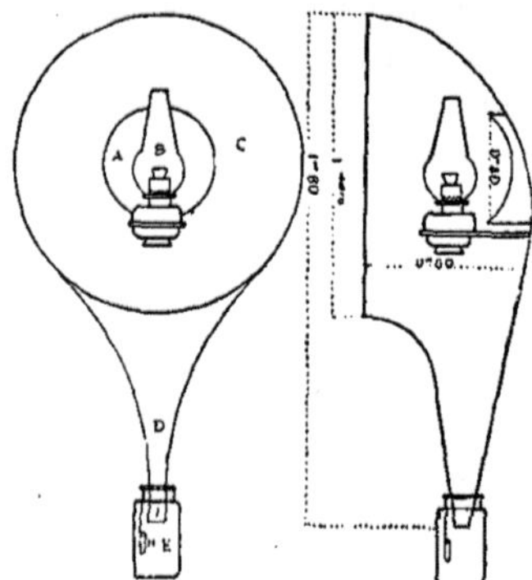

Fig. 37 *bis*. — Piège Noël.

attirer par la lumière les Papillons nocturnes : « Je suspends, dit-il, ma lanterne dans un arbre à environ 1 m. 50 du sol, et de temps en temps je brûle un peu de *magnésium*, métal qui a la propriété de brûler en produisant une lumière très intense rappelant tout à fait la lumière électrique. Cette lumière, que l'on ne fait durer que quelques secondes, attire cependant des Lépidoptères de très loin et lorsque le magnésium s'éteint, ils restent autour de la lanterne et on peut alors en prendre des quantités considérables. Le *magnésium* coûte de 0 fr. 70 à 0 fr. 60 le mètre; il en faut environ un demi-mètre par soirée. »

Signalons encore le Piège Noël du même auteur (fig. 37 *bis*, d'invention récente.

Ce piège se compose d'un appareil ayant une ouverture carrée d'environ 80 centimètres et non circulaire comme le présente la figure 37 *bis*; dans l'intérieur se trouve une lampe avec un réflecteur; les insectes attirés par la lumière tombent dans le flacon, qui se trouve à la partie inférieure, asphyxiés par les émanations de cyanure de potassium ou de chloroforme.

Recherches des Lépidoptères. — Il y a deux manières de se procurer des Lépidoptères : en les chassant lorsqu'ils sont à l'état parfait, ou en élevant leurs chenilles. Nous nous occuperons d'abord de la chasse de ces insectes,

On peut dire que chaque région possède sa faune particulière et le Lépidoptériste doit apprendre d'abord à connaître les plantes ou les fleurs que recherchent ses insectes ; ce n'est que par l'observation qu'il connaîtra l'époque de l'apparition des différentes espèces et le moment de la journée où il pourra les rencontrer.

Cette chasse commence dès les premiers jours de printemps et se prolonge jusqu'aux premières gelées d'automne; chaque mois voit éclore les espèces qui lui sont propres. Les Papillons vivent dans des conditions très variées que l'expérience seule apprendra au chasseur : généralement ces insectes se rencontrent dans les champs où les fleurs abondent, sur la lisière des bois, dans les prés, les jardins, le long des haies et des cours d'eau; ils recherchent de préférence les clairières couvertes de bruyères, les genêts et les aubépines en fleurs, les luzernes et les trèfles en pleine floraison.

« Les *Nymphalis* et *Apatura*, dit M. Berce, ne volent guère que le matin depuis huit heures jusqu'à onze heures ; dans les belles et chaudes journées, ils reparaissent de trois à cinq heures de l'après-midi, descendent en planant et vont se reposer sur la fiente des bestiaux, dans les routes fréquentées. Les *Piérides* volent dans les jardins, les prairies, etc. ; les *Argynes* et les

Mélitées se plaisent dans les avenues et les clairières des forêts ; les *Satyres* aiment en général les endroits rocailleux et stériles ; les *Sésies* s'attachent, pour la plupart, au bois pourri. Plusieurs espèces aiment à butiner dans nos jardins les fleurs du Seringat odorant. A l'exception de trois espèces, tous les *Sphinx* dorment pendant le jour au bas des plantes ou contre le tronc des arbres. Le soir, les uns butinent, vers le crépuscule, dans nos jardins, sur les fleurs du Chèvrefeuille, du Phlox, de la Saponaire, de la Valériane et surtout des Pétunias ; les autres volent, à la même heure, dans les prairies pour y pomper le nectar des fleurs, particulièrement celui de la Sauge des prés. Les *Zygenés* se tiennent sur les fleurs des Scabieuses, des Chardons ou au bout des longues herbes.

Les mâles des *Aglia Tau, Endromis versicolor, Bombyx Rubi, Quercus Dumeti*, etc., volent pendant le jour à l'ardeur du soleil, de huit heures du matin à midi ; quelques autres plus tard. Les femelles de ces Bombyx dorment pendant le jour appliquées contre le tronc des arbres ou cachées dans les feuilles sèches. Si l'on parvient à trouver une de ces femelles qui n'ait pas été déjà fécondée, il faudra bien se garder de la piquer : c'est un excellent appât pour se procurer des mâles : on aura soin de la renfermer dans une petite cage de gaze bien transparente et l'exposer dans une allée ou dans une clairière bien découverte ; on ne tardera pas à voir une grande quantité de mâles voltiger à l'entour et l'on pourra les prendre sans bouger de place. »

Les papillons Crépusculaires et Nocturnes ne sortent de leurs retraites que le soir ; il faut donc les chercher dans les endroits ombragés et obscurs, sur les arbres et sur les vieux murs où ils restent appliqués et immobiles ; ils sont alors faciles à piquer sur place. Certains arbres sont recherchés comme retraite par ces insectes : les Chênes, les Hêtres, les Mélèzes, les Sapins et surtout les Ifs. On fait alors usage du maillet pour les faire tomber.

Les petits Papillons ou *Microlépidoptères*, qui ont été longtemps négligés, sont recherchés des entomologistes depuis quelques années : on les prend comme les autres Papillons, soit en *fauchant*, avec un petit filet les herbes et les plantes, soit avec la pince à raquettes ; ce sont surtout les plantes de la famille des Ombellifères, des Antirrhinées et des Papilionacées qui en fournissent le plus. Beaucoup de petites espèces s'abitent aussi dans les maisons de campagne, sous les toits en chaume, dans les jointures des portes et des volets, dans les greniers ; enfin on en trouve jusque dans les grottes et les cavernes où elles vivent appliquées sur les parois sèches.

Préparation des Lépidoptères. — Lorsque, au retour d'une excursion, on veut préparer ses captures, il arrive souvent que certains gros Papillons ont résisté aux effets du cyanure et sont encore vivants ; il faut les tuer avant de les préparer, afin qu'ils n'abîment par leurs ailes par leurs mouvements et leurs efforts pour se dégager. Plusieurs moyens sont employés dans ce cas : le plus ancien consiste à faire rougir à la flamme d'une bougie l'épingle qui traverse le corps de l'insecte ; ce procédé est dangereux, et c'est presque toujours aux dépens de la beauté du Papillon que l'on réussit à le tuer. On peut aussi placer les insectes dans un courant d'air chaud, par exemple dans le tuyau d'un poêle ou les exposer dans un verre aux rayons d'un soleil ardent. La fumée de tabac est insuffisante et ne réussit qu'à les engourdir ; on se sert aussi d'une aiguille préalablement trempée dans une solution de savon arsénical ou de tabac à fumer délayé dans l'alcool ; on enfonce cette aiguille longitudinalement au-dessous de la tête du Papillon ; ce procédé est souvent inefficace. La meilleure méthode consiste à employer le jus de tabac et les vieux fonds de pipe, on les met dans un petit flacon où on les délaie avec quelques gouttes d'alcool, de manière à former une espèce de sirop dans lequel on trempe une aiguille rouillée; en employant cette aiguille comme nous venons de l'indiquer, on réussit à tuer les plus grosses espèces, telles que les *Sphinx* et les *Bombyx*; mais on est quelquefois obligé de recommencer l'opération deux ou trois fois.

Il arrive aussi qu'au moment de préparer ses Papillons, plusieurs ont séché et ne pourraient plus être préparés sans danger de se briser; il faut alors les ramollir.

Manière de ramollir les Papillons. — On opère, dans ce cas, comme nous l'avons indiqué pour les Coléoptères; douze heures suffisent généralement pour la plupart des Diurnes et des Géomètres; mais quelques espèces aux couleurs tendres se détériorent par ce procédé; le moyen le plus efficace et qui n'altère pas les couleurs consiste à préparer un vase en verre ou en faïence, à bords droits, auquel on adapte un bouchon de liège pour le fermer hermétiquement; au fond de ce vase on met des feuilles de *laurier-cerise* coupées en petits mor-

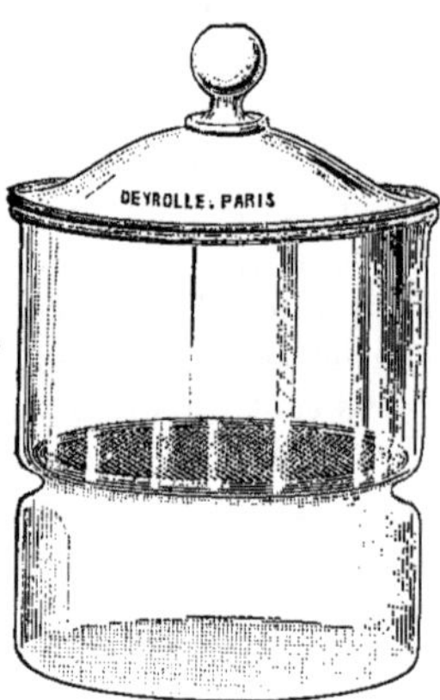

Fig. 37 *ter*.

ceaux et disposées sur une épaisseur de 2 ou 3 centimètres; on pique alors les Papillons à l'intérieur du bouchon que l'on replace sur le vase; on peut ainsi ramollir toutes les espèces de Lépidoptères. Les seules précautions à prendre sont celles-ci : choisir les feuilles de laurier-cerise bien mûres, et non les jeunes pousses, les essuyer si elles sont mouillées, tenir le vase au frais et dans l'obscurité, le visiter souvent, et si l'on aperçoit quelques traces d'humidité, le déboucher et l'essuyer; changer les feuilles lorsqu'elles jaunissent ou qu'elles ont quelques traces de moisissure. Pour les petites espèces, un verre à boire est d'une taille suffisante (Berce).

On peut employer ce procédé pour ramollir les sujets reçus de l'étranger ou par échange et qui ne seraient pas dans une bonne posture.

Mais le plus pratique des ramollissoirs et celui à alcool ou à eau, dont ci-contre figure (fig. 37 *ter*).

Étalage des Papillons. — Supposons maintenant tous les sujets suffisamment ramollis et assez souples

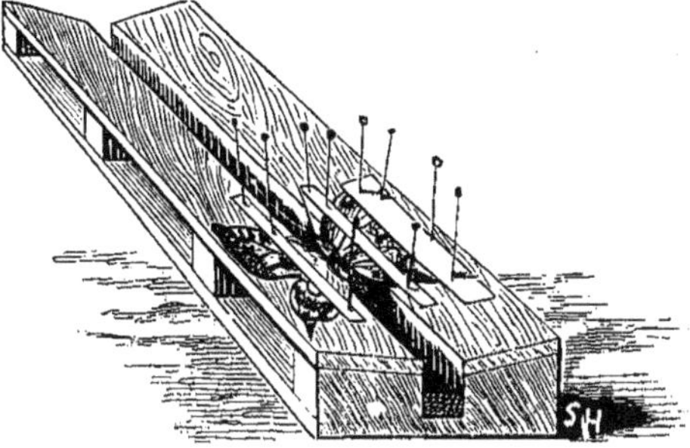

Fig. 38. — Etaloir.

pour être préparés, il reste à leur donner l'attitude qu'ils doivent avoir dans la collection : c'est ce qu'on appelle *étaler*. Nous empruntons à Godard la manière d'étaler les Papillons :

« On se servira d'abord de planchettes en bois tendre (*peuplier* ou *bouleau*) au milieu desquelles on fera creuser une rainure profonde au mois de 8 lignes, mais large en proportion de la grosseur du corps des individus qu'on veut développer et garnir dans le fond d'une petite bande de liège ou d'agavé. Ces planches devront former un peu le talus de chaque côté de la rainure et leur surface devra être bien égale dans toute la longueur de l'*étaloir* (fig. 38). On enfoncera dans le milieu de la rainure, et perpendiculairement à celle-ci, l'épingle qui traverse le corselet du Papillon, puis on attachera par son extré-

mité antérieure, à l'aide d'épingles à tête d'émail, une
bande de papier toile transparent, de façon qu'elle n'empêche pas l'aile supérieure de monter aussi haut qu'il est
nécessaire ; on fait mouvoir cette aile en la pressant

Fig. 38 *bis*. — Etaloir   Fig. 39. — Etaloir évidé avec le cou-
à rainure variable.   lisseau.

légèrement au-dessous de la principale nervure avec
la pointe d'une aiguille emmanchée d'un petit bâton, et
pour que cette aile ne se dérange pas, on appuie la bande
dessus avec l'index de la main gauche, on place
ensuite l'aile inférieure et on la retient en position en
pesant de la même manière sur l'extrémité de la bande
que l'on arrête avec une seconde aiguille. On fait la
même chose pour les deux ailes du côté opposé. »

On peut se servir d'étaloirs de diverses grandeurs à rainure variable (fig. 38 *bis*), ou, ce qui est préférable, à rainure fixe (fig. 38 et 39) permettant de placer un certain
nombre de Papillons les uns au-dessous des autres. Ces

instruments étant assez embarrassants pour emporter en
voyage, la maison Deyrolle fabrique des *étaloirs évidés*
d'un nouveau modèle ; ils sont très légers et fonctionnent
avec l'aide d'un coulisseau (fig. 39), qui permet de maintenir les étaloirs pendant qu'on prépare les Papillons ; des
boîtes spéciales ou malle à étaloirs (fig. 40) peuvent con-

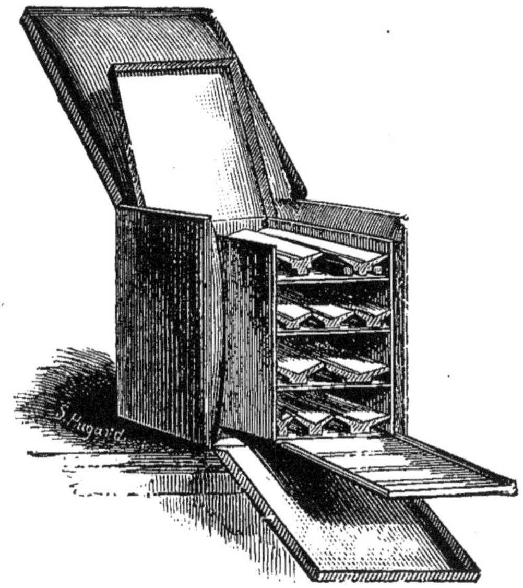

Fig. 40. — Malle à étaloirs.

tenir des étaloirs de différents numéros ainsi que les
instruments nécessaires en excursion.

Les Lépidoptéristes français ont l'habitude d'étaler
les Papillons en relevant les ailes supérieures de façon
que leur bord interne forme à peu près une ligne droite
perpendiculaire au corps.

Lorsqu'on prépare un Papillon sur l'étaloir, on a soin
de lui donner une attitude naturelle (fig. 41) ; les antennes
sont dirigées un peu obliquement en avant et retenues

en place par deux épingles fixées à côté et qui les empêchent de revenir à leur première position. Quand

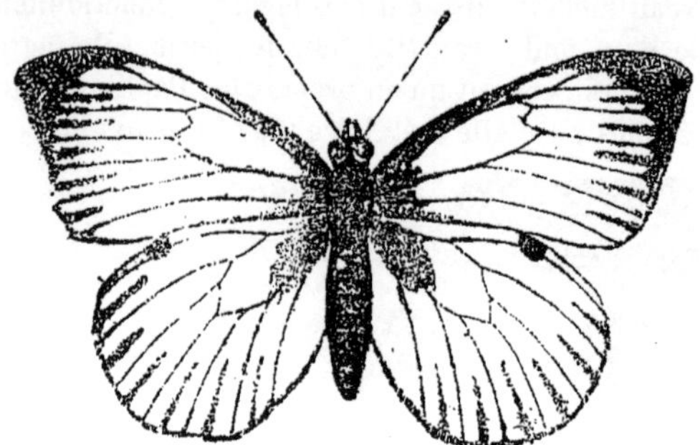

Fig. 41. — Papillon du chou.

l'abdomen tend à se recourber en haut, on l'assujettit par une des bandes de papier qu'on pose par-dessus ; la première paire de pattes est dirigée en avant, les deux autres en arrière. On peut aussi développer la trompe ; dans ce cas, on la déroule et on la maintient avec des épingles.

On doit réunir des exemplaires des deux sexes qui sont souvent très différents et lorsqu'on a deux individus d'une même espèce, on peut en piquer un en dessus et l'autre en dessous, certains Papillons, tels que les *Nacrés*, ayant la face inférieure des ailes beaucoup plus belle que la face supérieure,

Enfin les Papillons, qui, à l'état de repos, se présentent d'une manière remarquable, seront piqués dans cet état sans être étalés ; pour les Nocturnes, il est préférable de leur donner la posture naturelle de leurs ailes.

Quant aux *Microlépidoptères*, le Dr Stendel, de Stuttgart, indique le procédé suivant pour leur préparation : « Pour les très petites espèces, on emploie des épingles d'argent très fines et pointues aux deux bouts ; on se sert, pour les piquer, d'une loupe d'un grossissement quadruple que l'on tient de la main gauche, tandis que de la main droite on saisit, par le bas, l'épingle avec une petite pince et on l'enfonce au milieu du thorax. Si le papillon a les pattes étendues en avant, il est plus commode de le coucher à la renverse et de le piquer par-dessous, ce qui est indifférent lors même que l'on veut l'étaler en dessus, puisque les épingles sont pointues à leur deux extrémités. » On peut remplacer l'étaloir ordinaire par un instrument semblable creusé dans une plaque de moelle de sureau.

On doit laisser les Papillons sur l'étaloir jusqu'à ce qu'ils soient complètement secs ; les grosses espèces :

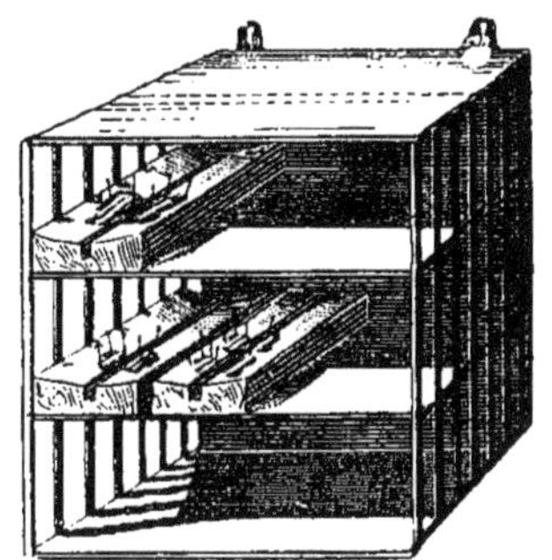

Fig. 42. — Casier à étaloirs.

les *Sphinx*, les *Bombyx*, etc., exigent au moins trois semaines de dessiccation ; une quinzaine de jours suffit pour les autres Lépidoptères ; cela dépend, du reste de la température de la saison, mais en tous les cas on ne doit enlever les insectes de l'étaloir que lorsqu'on a la certitude qu'ils sont bien secs ; on peut alors les placer dans la collection.

« Lorsque les étaloirs sont garnis de Papillons, nous recommandons expressément de ne pas les laisser à l'air et à la poussière ; quelques amateurs ont la mauvaise habitude de les accrocher aux murs de leur appartement ; cette méthode est des plus funestes, car elle offre un appât tout préparé aux larves de Dermestes et d'Anthrènes ; il faut les mettre dans une petite armoire spéciale, comme le casier figuré ci-contre.

Le séchoir à lépidoptères modèle Finot (fig. 43) est destiné à contenir les étaloirs évidés, qui en voyage sont moins lourds et moins encombrants que les étaloirs ordinaires ; tous ces étaloirs sont fixés aux tablettes au moyen de coulisses, ils ne risquent pas de se déplacer en voyage. Certaines grosses espèces, et principalement les

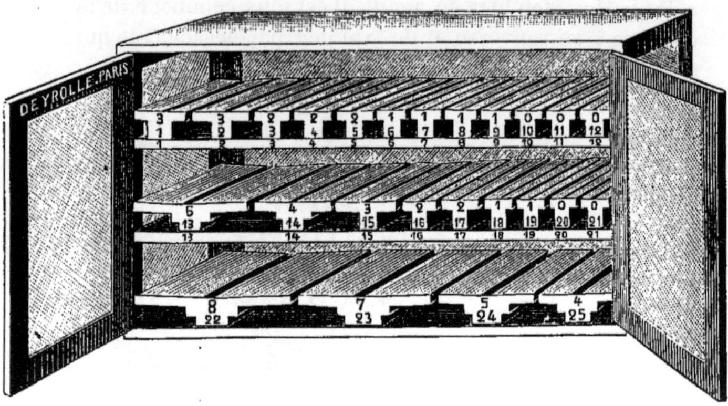

Fig. 43. — Séchoir Finot.

femelles, ont un abdomen très volumineux qui se dessèche très difficilement et qui serait exposé à se détacher après la dessiccation. On peut, dans ce cas, opérer comme nous l'avons indiqué pour les gros Coléoptères, en détachant l'abdomen pour le vider avec un petit crochet et en le recollant ensuite au moyen de gomme arabique. M. Berce indique un procédé bien meilleur : « Au moyen d'une aiguille très fine et très longue on introduit sous la tête un fil qu'on fait ressortir par l'extrémité de l'abdomen, puis on coupe ce fil aux deux bouts près de la tête et à l'extrémité du corps. Ce fil, qui traverse le Papillon dans toute sa longueur, ne se voit pas ; le Papillon le conservera dans son intérieur en se desséchant et par ce moyen bien simple le corps, quelque pesant qu'il soit, se trouvera désormais tellement soudé au corselet qu'aucun choc ne pourra plus l'en détacher. Avant d'introduire le fil nous avons soin de le tremper dans une préparation arsénicale ou dans la décoction de tabac, ce qui présente l'avantage de tuer promptement le Papillon et celui de le préserver, pendant quelque temps du moins, des attaques des insectes destructeurs que l'odeur du tabac éloignera aussi longtemps qu'elle subsistera. »

Pour sécher rapidement les papillons et même les autres insectes, on peut employer la lampe de Finot.

Cette lampe séchoir comprend deux parties, le séchoir proprement dit et la lampe ; le séchoir est en fer-blanc ; dans l'intérieur sont disposées des rainures destinées à recevoir les étaloirs à coléoptères, à orthoptères, à lépidoptères. La cheminée de la lampe passe à travers le séchoir dans un tube métallique percé de trous. Grâce à ce dispositif, la dessiccation des insectes se fait très rapidement, condition essentielle pour la conservation des couleurs.

Malgré toutes les précautions prises, il arrive souvent qu'en préparant un Lépidoptère les antennes, les pattes ou le corps viennent à se briser ; on se sert, dans ce cas, d'une dissolution de

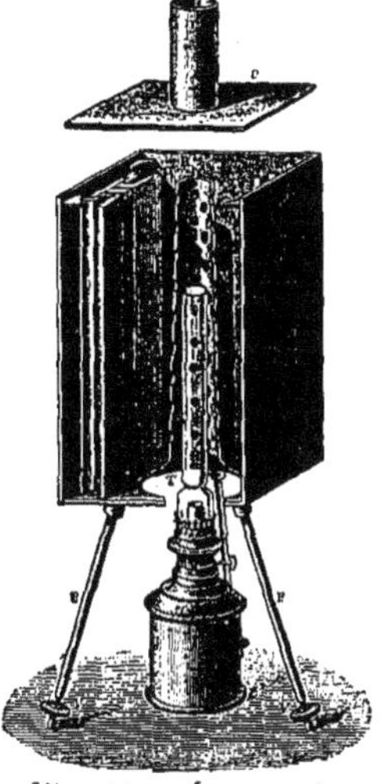

Fig. 44. — Lampe séchoir.

gomme laque dans l'alcool rectifié. Cette dissolution a l'avantage de coller solidement et de sécher promptement.

Dégraissage de Papillons. — Les corps de beaucoup de Papillons, et particulièrement ceux des Bombycites et de certaines Noctuélites *tournent au gras*. Le meilleur remède consiste à enduire à l'aide d'un léger pinceau toutes les parties grasses avec de *l'essence de citron*, de *l'essence de térébenthine rectifiée*, ou mieux encore avec de la *benzine ;* toutes les parties ainsi imbibées seront recouvertes de *terre de Sommières ;* après vingt-quatre ou quarante-huit heures, on frottera, à l'aide d'un pinceau sec, le Papillon qui sera revenu à son état naturel. Pour l'emploi de la terre de Sommières, on trouvera les indications nécessaires au chapitre des Coléoptères (*Dégraissage des Insectes*).

Empreintes de Papillons. — Celui qui, par ses chasses, réunit plusieurs exemplaires de chaque espèce peut en utiliser quelques-uns à faire des empreintes que l'on assemble en cahiers. Voici cette méthode résumée d'après H. Poulin :

On fait dissoudre dans un verre d'eau de la gomme arabique choisie. Ajouter une bonne pincée de sel blanc, un morceau de sucre candi blanc de la grosseur d'une noisette, et un morceau d'alun de moindre dimension.

Pour l'impression à l'eau gommée, le papier qui semble préférable est du bon papier écolier, ou une feuille de papier à lettre ordinaire. Pour l'impression au vernis, le papier doit être d'une certaine épaisseur, satiné et de très bonne qualité ; le papier vélin, ou un mince carton de Bristol sont ce qu'il y a de mieux pour cet usage. Le vernis dont on se sert est du vernis blanc à l'esprit-de-vin.

Comme presse, la meilleure manière d'opérer est d'employer une petite presse à vis. A défaut de presse à vis, on peut se servir d'une planchette bien unie que l'on charge d'un poids d'environ 6 à 7 kilogrammes, d'une presse à écrou ou de tout autre genre d'ustensile donnant pression à peu près égale à ces poids.

Pour l'impression à l'eau gommée, il faut choisir un sujet en bon état, auquel il ne manque aucune partie de la poussière qui le colore et dont aucun accident n'a entamé les ailes.

Un papillon qui vient d'être pris ne doit pas être imprimé aussitôt après sa mort, parce que, sous l'action de la presse, le liquide contenu dans les nervures s'extravaserait entre les écailles, et nuirait à la réussite de l'entreprise,

Les individus pris d'une année à l'autre se trouvent être
dans un état favorable à l'impression ; il est inutile de les
faire ramollir à moins d'opérer sur de très grands sujets.

On détache adroitement les quatre ailes, avec des ciseaux fins, ou avec des pinces fines, au ras du corps
qu'on a soin de mettre à part, afin de s'en servir par la
suite. On plie en deux un carré de papier écolier ; sur l'une
des parties intérieures on trace à l'aide d'un crayon une
ligne horizontale coupée par une perpendiculaire, en
forme de croix qui servira de guide pour y placer les
ailes dans un alignement parfait.

Sur cette place on passe une légère couche d'eau
gommée à l'aide d'un pinceau et on y dépose, avec les
pinces fines, les quatre ailes, sans tâtonner, *les inférieures d'abord, les supérieures ensuite*, telles qu'elles apparaissent attachées au corps du papillon lorsqu'il est bien
étalé, en ayant soin de laisser entre elles une place libre
pour le corps. On rabat le côté opposé, préalablement enduit d'eau gommée, de manière que les ailes se trouvent
emprisonnées entre deux papiers, afin d'obtenir en même
temps l'impression du dessus et du dessous de la membrane.

On place alors cette feuille double entre une certaine
épaisseur de feuilles de papier Joseph et on met le tout
sous presse. Quelques heures après, on détend la presse
et on s'assure que la gomme est bien sèche ; alors on trace
au crayon le contour exact des ailes emprisonnées ; on
découpe à environ un demi-centimètre du trait, laissant
ainsi une petite marge autour du crayon. On humecte
cette marge à l'aide d'un pinceau trempé dans l'eau, en
ayant soin de ne pas mouiller les écailles, et lorsque vous
supposez que les deux surfaces de la marge sont assez
humides pour se décoller, on insère la pointe d'une aiguille
entre les deux feuilles de papier qu'on écarte lentement
l'une de l'autre. Du centre tombe la membrane incolore,
dont la poussière est restée attachée au papier.

Voici en quoi consiste le procédé de l'impression au

vernis. On se sert de papier un peu fort et de bonne qualité. On prend par le milieu, avec les pinces, l'épreuve qu'on veut obtenir, soit le dessus, soit le dessous, et à l'aide d'un petit pinceau on applique une légère couche de vernis sur la surface entière, *à même les écailles*. On place avec soin, en appuyant un peu avec le doigt, l'impression ainsi recouverte de vernis sur le papier choisi, de manière que les écailles puissent y adhérer par la force du vernis qui forme colle en séchant, et on met le tout sous presse.

Il faut exécuter cette impression avec assez de promptitude pour éviter que le vernis ne soit déjà sec au moment de mettre l'épreuve sous presse,

Il ne reste plus, pour obtenir une réussite complète, qu'à enlever le papier gommé qui cache à nos yeux, le portrait fidèle des ailes du papillon. Pour cela, une fois le vernis sec, on retire l'épreuve de la presse et on la place dans un bain d'eau claire où elle surnage, la partie gommée en dessous, touchant la surface de l'eau. On peut aussi mouiller à plusieurs reprises, à l'aide d'un gros pinceau, le papier gommé, jusqu'à ce qu'il soit assez humide pour se décoller. Quand les pores du papier ont été traversés par l'eau, on retire l'épreuve du bain; puis, avec la pointe d'une aiguille et à l'aide des pinces, on soulève doucement le bord du papier gommé. On laisse sécher, et on n'a plus à s'occuper que de la reproduction du corps et des antennes.

Le meilleur procédé est de peindre à la gouache, aux couleurs à l'eau, le corps et les antennes, en copiant aussi bien que possible le modèle que vous avez conservé.

Un moyen infaillible de conserver indéfiniment ces jolies épreuves et qui réussit sur tous les sujets, les bleus exceptés, est de les enduire d'une très légère couche de vernis.

Chenilles. — Le Lépidoptériste ne doit pas se borner

à recueillir des Papillons à l'état parfait ; il doit aussi les étudier sous leurs autres formes : *chenille* et *chrysalide* ; par l'élevage des chenilles il obtiendra aussi des Papillons frais et brillants et certaines espèces qu'il ne pourrait se procurer que rarement ; les sujets obtenus de larves ont, en général, des teintes plus vives que les insectes pris à l'état parfait.

Beaucoup de personnes ont une répugnance instinctive pour les Chenilles, mais le débutant devra surmonter cette répugnance : « Il est impossible, dit M. Blanchard, de compendre le sot préjugé répandu parmi les personnes ignorantes et qui fait regarder les chenilles comme dangereuses. En comptant bien nous ne trouvons guère, en Europe, plus de trois ou quatre espèces dont on doive se méfier et encore n'y en a-t-il qu'une seule vraiment redoutable. Celle-ci a des poils aigus qui se détachent avec facilité, pénètrent l'épiderme et causent une démangeaison. Mais toutes les autres chenilles sont des animaux que l'on peut toucher sans le moindre inconvénient, des animaux qui se nourrissent exclusivement des plantes sur lesquelles on les rencontre et qui ne justifient le dégoût sous aucun rapport. »

Les Chenilles velues seules doivent être maniées avec précaution, leurs poils ayant un principe urticant qui produit sur la peau une vive démangeaison (fig. 45).

Recherche des Chenilles. — Cette chasse peut se faire en tout temps, mais elle est beaucoup plus fructueuse pendant la belle saison. On devra examiner les arbres, les buissons, les plantes et, si on remarque que les feuilles ont été rongées, on découvrira facilement les chenilles ; mais il est inutile de chercher sur les végétaux ombragés et à des expositions froides. On doit aussi éviter de recueillir comme une chenille une larve d'insecte ou *fausse chenille*. Voici les caractères auxquels on reconnaîtra une chenille de lépidoptère : le corps est nu ou couvert de poils, d'épines simples ou branchues, etc.,

il est de forme allongée, presque cylindrique et composé
de douze anneaux avec neuf stigmates de chaque côté ;
toutes les chenilles ont seize pattes au moins, dont six

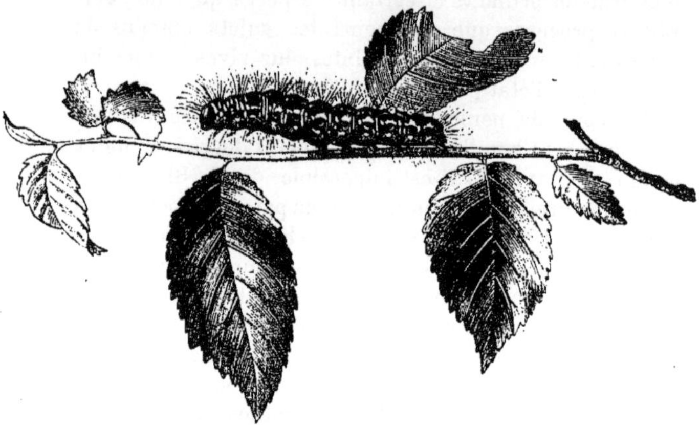

Fig. 45. — Chenille de processionnaire.

écailleuses attachées aux trois premiers anneaux et dix
membraneuses.

En France, on rencontre principalement des chenilles
sur les pruniers, pêchers, tilleuls, peupliers, ormes et
chênes, sur les prunelliers et les rosiers, sur les carottes,
le fenouil, la ronce, les genêts et les bruyères. Le lépidoptériste qui est en même temps botaniste saura reconnaître en peu de temps les plantes fréquentées par les
chenilles.

Les principales chasses se font : 1° à la *fauche* ; à l'aide
d'un troubleau en canevas solide on fauche dans les
trèfles et dans les prés, ce procédé est très fructueux la
nuit, beaucoup de chenilles ne sortant de leur retraite
qu'à ce moment ; — 2° au *parapluie*, en battant les haies
et les taillis avec une canne et plaçant le parapluie au-
dessous pour recueillir les chenilles ; — 3° au *maillet*, en
opérant comme nous l'avons dit pour la chasse aux pa-

pillons ; les mois de mai, juin et septembre sont les meilleurs pour cette chasse ; — 4° *aux feuilles sèches ;* au premier printemps et à l'automne on fait des amas de feuilles sèches pour y recueillir les chenilles de diverses espèces nocturnes ; on les prend soit dessous ces feuilles, soit en secouant les feuilles dans le *filet à larges mailles* (fig. 4) sur une nappe préalablement étendue.

Comme les chenilles sont très délicates, on doit les recueillir avec précaution, car la moindre pression, le moindre froissement les ferait périr ; on peut couper la tige ou la feuille sur laquelle se trouve la chenille et l'on place le tout dans la boîte de chasse. Cette boîte peut être comme celle employée pour la récolte des Coléoptères (fig. 20), mais elle doit être tenue très propre et sans la moindre odeur ; on peut se servir d'une simple boîte en carton percée de toutes parts de trous de petit diamètre ; mais il est utile d'avoir plusieurs boîtes afin de séparer certaines larves voraces, telles que les noctuelles du genre *Cosmia,* qui dévoreraient les autres, ou celles qui sont armées de poil urticant comme les larves du *Bombyx processionnaire* (fig. 45).

C'est pourquoi la boîte de chasse spéciale du lépidoptériste donne les meilleurs garanties. La boîte de lépidop-

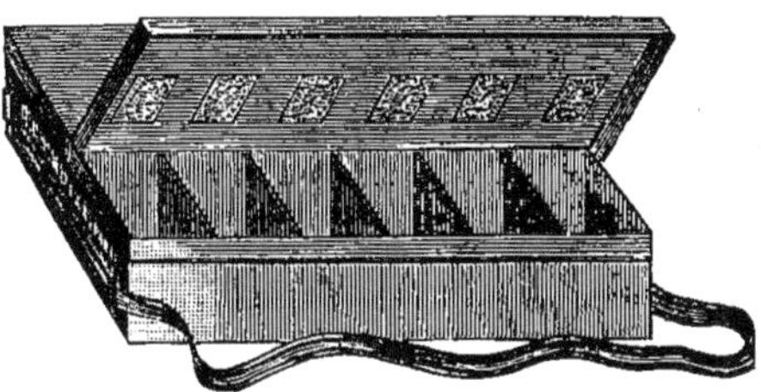

Fig. 46. — Boîte de chasse du Lépidoptériste.

tériste comprend deux grands compartiments : l'un est semblable à la boîte de chasse avec fond liégé, l'autre est un compartiment divisé lui-même en 6 petites cases, munies chacune sur le couvercle d'une ouverture à tubulure, avec une fermeture spéciale; ces petites cases permettent de conserver séparées des bêtes qu'il est intéressant de ne pas mélanger.

Préparation des Chenilles. — Au retour d'une excursion on sépare les chenilles que l'on veut conserver pour sa collection de celles que l'on veut élever.

Les premières peuvent être tuées de plusieurs manières, on les met dans un flacon bouché que l'on tient pendant quelques instants dans de l'eau bouillante; on peut aussi les plonger dans l'alcool, mais ce liquide les décolore souvent.

« Quand on sort la chenille du liquide où elle a été plongée, on la place entre deux feuilles de papier buvard en prenant soin de ne pas briser les poils délicats qui garnissent souvent son corps; ensuite on extrait les viscères en prenant le corps entre deux doigts que l'on fait glisser avec précaution pour ne pas crever la peau, d'avant en arrière jusqu'à ce que les viscères sortent par l'anus ou par une ouverture cruciale que l'on aura trouvé convenable de pratiquer à l'abdomen pour favoriser la sortie des intestins : cette opération demande beaucoup de soins; elle est d'autant plus délicate que la peau de la chenille est mince et son corps étroit et long. Comme les couleurs ont principalement leur siège dans le parenchyme sous-épidermique, il ne faut pas exercer une forte pression chez les chenilles qui portent des teintes délicates; il faut également éviter toute contusion ou meurtrissure. La peau est quelquefois maculée par les excréments de la chenille, on les enlève par un lavage à l'alcool très étendu.

Dans l'ouverture par laquelle se sont échappés les viscères on place un tube assez fin, tel qu'un chaume de blé, qu'on fixe à la peau au moyen d'un fil ou d'une épingle très fine. C'est par ce tube qu'on insuffle la chenille, ce qui lui conserve sa forme naturelle. Afin qu'elle sèche rapidement et qu'elle conserve sa forme, on la suspend au-dessus d'une plaque en cuivre chauffée au moyen d'une lampe à alcool placée en dessous, ou on applique le procédé indiqué pour la préparation des larves

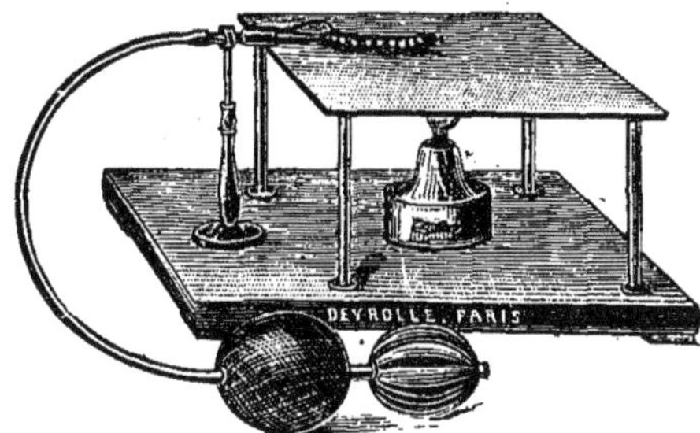

Fig. 47. — Appareil pour le soufflage des chenilles.

de Coléoptères; ce dernier procédé est peu pratique. On se sert maintenant de la table à souffler. La table à souffler les chenilles comprend une table en cuivre rouge avec reverbère et une lampe à alcool, un tube à souffler avec support à hauteur facultative, et poire à réservoir d'air; le tout monté sur plateau chêne : le tube est conique à l'intérieur de façon à recevoir des fétus de paille de tout diamètre, au lieu du dispositif représenté par la figure ci-contre.

Quand la chenille est sèche, on enlève le fil ou l'épingle qui servait à la fixer au tube et on la colle à l'aide de gomme sur une feuille sèche ou sur une partie de la plante qui lui a servi de nourriture. La chenille ainsi préparée conserve très bien la forme qu'on lui a donnée et peut être placée dans la collection près du Lépidoptère à l'état parfait.

Une autre méthode qui exige beaucoup plus de travail et d'habileté, consiste à bourrer la peau d'une matière molle, plastique, telle que la cire, à laquelle on a soin d'ajouter un peu d'arsenic comme préservatif. On se sert également de la poudre de lycopode mêlée d'une certaine poudre tinctoriale suivant la coloration de la peau de la chenille. La peau sèche non bourrée est naturellement très fragile, elle présente également une teinte pâle transparente que ne possède pas l'insecte vivant.

Quand toutes ces précautions sont terminées, on ferme l'ouverture abdominale avec un peu de gomme et la peau est recouverte d'un vernis-laque empoisonné transparent, en évitant autant que possible de briser les poils qui la recouvrent. » (Capus.)

On conserve aussi parfaitement les chenilles dans une liqueur ainsi préparée :

Alcool.....................	375 grammes.
Eau distillée...............	500 »
Sublimé corrosif..........	8 »
Alun calciné..............	90 »

On les y fait macérer d'abord pendant vingt-quatre heures, puis on les en retire pour les placer dans des tubes de verre d'un diamètre ayant un tiers plus large que l'épaisseur du corps des insectes ; on remplit le tube de la même liqueur à laquelle on a ajouté un tiers d'eau et on le bouche hermétiquement avec un bouchon de liège que l'on plonge dans du goudron préparé pour cacheter les bouteilles.

Elevage des Chenilles. — Nous avons dit que l'éducation des chenilles était le plus sûr moyen pour obtenir des Papillons frais et brillants ; pour élever des chenilles, il faut une caisse en sapin ou un vase en verre (fig. 48) recouvert d'un treillage en toile métallique ; on garnit le fond de terre de bruyère recouverte d'un lit de mousse ou de feuilles sèches. Il faut toujours prendre garde de ne pas introduire en même temps dans la boîte aucun insecte, araignée ou autre. On y place les chenilles avec les plantes dont elles se nourrissent ; c'est dans ce cas qu'il faut connaître la plante spéciale qui faisait la nourriture de l'espèce à élever. Quand on a trouvé une chenille, soit dans la terre, soit sur les pierres et qu'on ne la connaît pas, on lui présente plusieurs plantes de celles qu'on croit devoir lui convenir jusqu'à ce qu'on soit fixé sur sa nourriture, il ne faut jamais

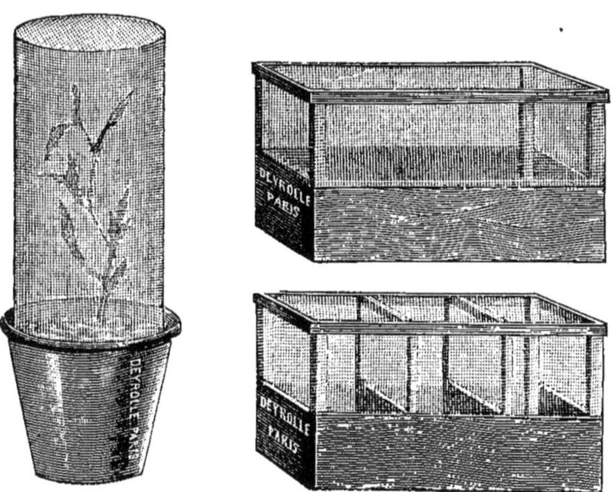

Fig. 48. — Cages pour l'élevage des chenilles.

employer des feuilles mouillées extérieurement. Nous empruntons à M. Ronast les renseignements nécessaires à l'éleveur de Chenilles :

« La généralité des Chenilles n'a pas besoin de beaucoup de lumière, une majeure partie ne mange que la nuit, on fera donc bien de remplacer la nourriture le soir surtout ; mais il est préférable de changer les plantes matin et soir.

Celui qui habite une grande ville se trouve souvent embarrassé pour se procurer la nourriture nécessaire à la subsistance de ses chenilles, ce qu'il a de mieux à faire alors c'est de prendre une provision de la plante dont il a besoin et de la mettre à la cave ou dans tout autre endroit frais et humide, privé de jour et la tige dans l'eau, Dans les pots à fleurs on peut faire croître bon nombre de plantes : graminée, ortie, séneçon, oseille, chicorée, etc.

qui servent le plus souvent à la nourriture des chenilles. Quand on habite la campagne il est préférable d'avoir en pots des rejetons de chaque essence, on y enferme les chenilles sous une gaze solide : tout en étant captives, elles se croient dans la nature et se portent mieux.

Les boîtes d'éducation ne doivent jamais être mises dans un appartement chauffé ni habité constamment, car ces petits animaux sont délicats et fort sensibles aux odeurs de tout genre. Si l'on élève dans un jardin ou dans une cour, il faut toujours que les boîtes soient à l'abri de la pluie et de la gelée, comme aussi veiller à ce qu'elles ne reçoivent pas complètement les rayons du soleil, enfin il faut surtout éviter que les araignées et les fourmis ne pénètrent dans les boîtes. »

Lorsque les chenilles ont fixé leurs cocons dans la boîte, il faut autant que possible ne pas les déplacer, on devra aussi surveiller tous les jours afin que les Papillons nouvellement éclos n'endommagent point leurs ailes ; cette surveillance est d'autant plus nécesaire que les insectes restent souvent fort longtemps chrysalidés et qu'il est difficile de prévoir exactement le moment de l'éclosion.

Chrysalides. — Les Chenilles qui filent une coque peuvent être recueillies en excursion, mais ces insectes dissimulent si bien leurs cocons qu'il est très difficile de trouver ceux de certaines espèces. C'est ordinairement sur la plante ou l'arbre qui leur a servi de nourriture que les Chenilles établissent leurs coques. La plupart des Lépidoptères Diurnes se suspendent en dessous des feuilles des végétaux ou contre les vieilles murailles ; c'est surtout pendant l'hiver qu'on trouvera, sous l'écorce des Ormes et des Peupliers, les Chrysalides des Acronycta ; mais la chasse la plus productive est celle des Chrysalides dont les chenilles se sont enterrées au pied des arbres : elles choisissent ordinairement une terre meuble et ne s'enfoncent pas à plus de 6 à 8 centimètres ; au moyen

du piochon on creuse avec précaution et on éparpille la
terre afin d'y trouver les chrysalides. Il faut aussi chercher dans la mousse qui recouvre les racines et le bas du
tronc des arbres. Les chrysalides re-
cueillies sont placées dans la boîte de 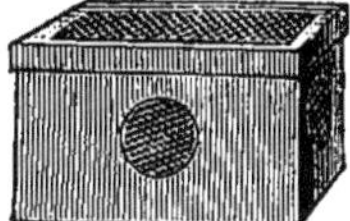
chasse sur un lit de feuilles sèches
ou de mousse; au retour on les place
dans une boîte d'élevage et on les
recouvre de la terre qui tapisse le

Fig. 49.

fond et qu'on humecte de temps en temps; elles ne demandent pas d'autres soins jusqu'à leur éclosion.

Les chrysalides peuvent être placées dans la collection
à côté des chenilles de la même espèce; dans ce cas on

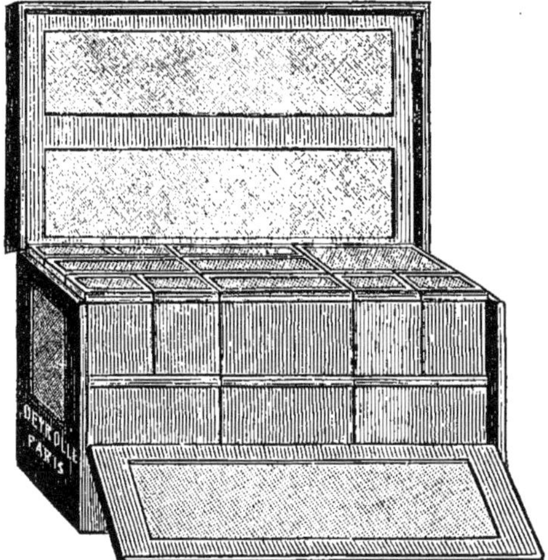

Fig. 50. — Malle à éclosoirs de Finot.

les tue par la chaleur, on les dessèche et on les recouvre
d'une couche de laque; on peut aussi les tuer en les laissant pendant un jour dans l'alcool étendu; elles sèchent
plus vite de cette manière et sont à l'abri des ravages des
insectes,

Lorsqu'on est en voyage il est important de mettre les chrysalides dans des boîtes spéciales ou éclosoirs de voyage (fig. 49).

L'éclosoir de voyage est une malle ayant les faces garnies de toile métallique contenant des boîtes de quatre formats. Ces boîtes, comme le représente la figure 49, sont en métal, avec toile métallique au couvercle qui est mobile, et trous d'aération avec toile métallique sur les deux côtés; toutes ces boîtes se multiplient l'une par l'autre.

L'éclosoir de voyage modèle Finot consiste en une malle en bois (fig. 50) avec les faces garnies de toile métallique permettant une circulation d'air continuelle dans toutes les petites boîtes qui y sont enfermées. A la partie inférieure se trouvent un tiroir et une cuvette métallique pouvant contenir des mousses humides. La malle de Finot renferme :

$$
\begin{array}{ccc}
1 \text{ boîte éclosoir} & \text{de } 21 \times 12 \\
1 \quad\quad — & \text{de } 12 \times 14 \\
10 \quad\quad — & \text{de } 12 \times 7 \\
6 \quad\quad — & \text{de } 6 \times 7 \\
\end{array}
$$

OEufs de Lépidoptères. — En cours d'excursion on peut trouver des œufs de papillons sur des plantes, souvent aussi ces insectes pondent en captivité ou dans la boîte de chasse. On peut conserver ces œufs jusqu'à leur éclosion, mais ils sont plus intéressants à préparer pour la collection : « Ces œufs se conservent très bien quand on a pris soin de les tuer par l'eau chaude. On peut encore les vider en les piquant avec une aiguille fine et en extrayant le contenu avec une pipette à bulbe; on peut ensuite remplir la coquille de l'œuf d'un liquide coagulable. Ces œufs peuvent être collés à côté du spécimen qui les a pondus. » (Capus.)

Installation d'une collection de Lépidoptères. — Les collections de papillons peuvent être installées selon le goût du collectionneur : les uns préfèrent

les meubles à tiroirs : dans ce cas on doit employer pour
la construction du meuble le bois de chêne; le bois de
sapin et d'autres bois contiennent une matière résineuse
qui exerce une influence dangereuse sur les spécimens
de la collection; les autres préfèrent les cartons qui peuvent être superposés comme des livres dans une biblio-
thèque : ces boîtes doivent se fermer hermétiquement;
elles seront construites en bois plutôt qu'en carton : le
meilleur est le bois de *Calcedra odorata*, espèce exotique
qui exhale une odeur agréable, très persistante et qui
suffit, la plupart du temps, pour éloigner les insectes
destructeurs.

Chaque boîte doit être munie d'un couvercle vitré afin
d'éviter d'ouvrir la boîte, car l'air que l'on aspire ou
comprime en ouvrant et fermant ébranle les ailes et finit
par les détacher. (Voir p. 63 et 64.)

Le fond des boîtes est garni de liège et recouvert de
papier blanc; les papillons sont piqués en lignes comme
les Coléoptères; les étiquettes sont faites en carton
mince afin d'être piquées au-dessous du papillon; quelques amateurs préfèrent fixer ces étiquettes sur le fond
de la boîte au moyen de deux épingles-camions. Les
sexes étant souvent très différents dans les Lépidoptères,
on devra représenter chaque espèce au moins par un
exemplaire de chaque sexe; mention en sera faite sur
l'étiquette au moyen des signes conventionnels (σ et φ);
les coques, chrysalides et chenilles peuvent être placées
à côté de l'espèce à laquelle elles appartiennent.

Pour la détermination et la classification des papillons
on pourra consulter l'ouvrage de Berce : *Faune Entomologique Française (Lépidoptères)*(1), et la publication du même
auteur : *Histoire naturelle de la France (Lépidoptères)* (2).

---

(1) *Faune Entomologique Française (Lépidoptères)*, 6 vol.,
55 fr. Les Fils d'Emile Deyrolle, éditeurs.

(2) *Histoire naturelle de la France (Lépidoptères)*, par BERCE,
1 vol., avec 18 pl. coloriées; prix, 5 fr. Les Fils d'Emile Deyrolle, éditeurs.

Conservation de collections de Lépidoptères. — La collection doit être placée dans un appartement bien sec ; les boîtes doivent être visitées souvent, et lorsqu'on apercevra quelque poussière au fond d'une boîte, on frappera doucement sur les parois latérales, de manière à rassembler ces débris dans un des angles où on les enlèvera à l'aide d'un pinceau.

Pour préserver des ravages des insectes on indique le *camphre*, l'*essence de serpolet* ou *de lavande*, le *mercure*, le *sulfure de carbone*, etc...; toutes ces substances sont à peu près inefficaces. Les meilleurs moyens préservatifs indiqués par M. Berce sont les suivants : Dans un flacon bien bouché on mêle parties égales de *benzine* et d'*acide phénique*, on trempe dans ce mélange un petit tampon de coton ou d'amadou préalablement traversé par une forte épingle et on le pique dans un coin de la boîte. Ce préservatif n'a besoin d'être renouvelé que tous les deux ou trois mois ; il a non seulement l'avantage de tuer et d'éloigner les insectes rongeurs, mais encore de détruire et d'empêcher la moisissure. On se sert encore avec avantage du *cyanure de potassium* (préparé dans un tube comme pour la bouteille de chasse).

Les moyens curatifs sont les suivants : Quand, en visitant ses boîtes, on aperçoit un petit amas de poussière brune au-dessous d'un papillon, on peut être sûr qu'il est attaqué ; on s'empressera de l'enlever et de le piquer dans le flacon de cyanure où on le laissera pendant plusieurs jours. Lorsque l'on aperçoit des traces de moisissure, taches qui se manifestent d'abord aux antennes, à la tête, à la base ou sur le disque des ailes, par des marques blanchâtres, on s'empressera de toucher ces taches avec un pinceau imbibé d'une dissolution composée d'un gramme d'acide phénique bien blanc dans 15 grammes d'éther ou d'alcool rectifié.

Emballage et expédition des Lépidoptères. — Les échanges entre amateurs de Lépidoptères sont fréquents et peuvent se faire par la poste, mais les difficultés pour emballer et expédier les Coléoptères sont encore plus grandes pour les Papillons à cause de la fragilité de leurs ailes. Nous empruntons à M. Rouast les excellents conseils qu'il a donnés à ce sujet :

« Toute boîte à insecte est bonne pour cela, pourvu que le fond soit garni d'une forte planche en liège qui permette d'y enfoncer l'épingle assez profondément pour que les cahots et les chocs qui se produiraient pendant le trajet ne la fassent pas s'échapper. Il est essentiel d'en garnir le fond avec une feuille de ouate séparée par moitié, de façon que la partie lisse soit appliquée contre le liège ; les insectes se piquent sur la partie bourrue ; on a cette garantie que, si un des corps se détache pendant le voyage, il tombera sur la bourre susdite, s'y accrochera et ne roulera pas sur les autres corps on antennes qu'il briserait.

Pour expédier les Chenilles il faut autant que possible, surtout si le trajet est long, une boîte où l'air puisse pénétrer, ce qui est facile à obtenir avec un petit carré de toile métallique appliqué intérieurement sur un trou que l'on aura pratiqué ; on y place alors les chenilles avec la quantité de nourriture jugée nécessaire pour la durée du voyage. »

ORTHOPTÈRES

Les Orthoptères sont d'autant plus intéressants à étudier qu'il reste encore bien des découvertes à faire, même en France, dans cet ordre d'Insectes. Une certaine répugnance pour ces animaux les fait négliger par beaucoup de Naturalistes qui redoutent leur morsure ; c'est encore un préjugé populaire qui ne repose sur aucun fait constaté : il est facile de voir que leur organisation ne leur permet pas de nous faire du mal autrement qu'en serrant un peu les doigts avec leurs tenailles abdominales, comme le font les *Forficules* ou *Perce-oreilles;* mais la douleur que l'on ressent est insignifiante.

Recherche des Orthoptères. — L'instrument le plus utile pour cette chasse est le *filet-fauchoir :* les Orthoptères ayant le vol peu soutenu sont faciles à capturer et l'insecte manqué ne s'éloigne ordinairement qu'à une petite distance.

Le *Parapluie* (fig. 7) s'emploie aussi comme pour les Coléoptères; en battant les buissons on fait tomber un grand nombre de *Forficules*, *Blattes* et *Locustides*.

On peut se munir aussi d'une *pince de chasse* pour saisir certaines espèces fragiles.

Pour recueillir les Insectes capturés, on se sert d'une bouteille en fer-blanc (fig. 16) à large tubulure et contenant de la sciure de bois blanc légèrement benzinée.

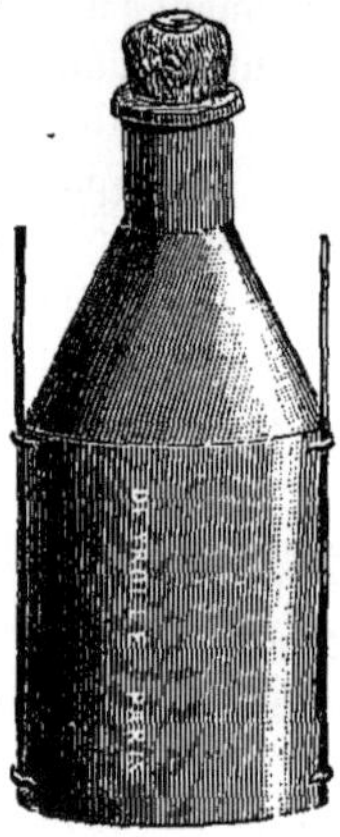

Fig. 51.

« La bouteille (fig. 51) dit M. Finot (1), ne sera remplie de sciure qu'aux deux tiers; pour un litre de sciure je mets ordinairement quatre centilitres de benzine.

« Il ne faut jamais employer la benzine phéniquée; l'acide phénique a une action désastreuse sur les couleurs délicates de la plupart des Orthoptères.

«Les Orthoptères sont introduits par le tube de fer-blanc la tête la première; s'ils sont trop gros pour passer, on ôte le gros bouchon et on les introduit par la tubulure. Pendant leur asphyxie par la benzine, les Orthoptères se

____

(1) Finot. *Les Orthoptères de France*, avec planche; prix : 15 fr. Les Fils d'Emile Deyrolle, éditeurs.

contractent souvent et sortent ensuite difficilement **de la** bouteille; c'est ce qui a exigé la largeur de la tubulure. On soude des deux côtés de la bouteille des petites pièces de fer-blanc pour maintenir une courroie bandoulière.

« Les Orthoptères rares, délicats, très fragiles ou très petits sont enfermés isolément après leur capture, chacun dans un tube de verre contenant un peu de sciure et de poudre de camphre.

« On peut encore se servir de la boîte de chasse des Lépidoptéristes et piquer les Orthoptères vivants. Ce procédé est mauvais : bon nombre d'Orthoptères ainsi piqués se brisent les antennes et les pattes. »

Quand on fait la chasse aux Orthoptères, on est exposé à faire beaucoup de chemin pour trouver certaines espèces qui sont localisées; mais le chasseur est récompensé de ses peines, car le nombre des individus de l'espèce cherchée est presque toujours considérable dans ses localités de prédilection.

L'habitat de ces insectes varie beaucoup : les uns vivent dans nos habitations dont ils sont les hôtes incommodes, d'autres recherchent les terrains incultes et herbeux bien exposés au soleil; on trouve aussi des Orthoptères dans les lieux marécageux, les landes, les clairières, enfin quelques espèces se rencontrent sous les pierres, dans les fourmilières, les caves ou les cavernes.

Les *Blattes* fuient la lumière et courent toute la nuit avec agilité. Les *Cafards*, *Cancrelats*, etc... ne sont que trop faciles à trouver; ils envahissent les habitations dans les pays chauds, les navires, les docks, les casernes, les restaurants et les cuisines. La *Blatte Lapone* et la *Blatte tachetée* se rencontrent en France dans les bois à feuillage épais, principalement dans les bois de Conifères.

Les *Forficules* ou *Perce-oreilles* se glissent parmi les fruits et les légumes surtout dans les raisins et les choux-fleurs; on les trouve aussi sous les feuilles mortes, les détritus végétaux et les débris de toutes sortes au bord de la mer.

. Les *Mantes* se tiennent immobiles sur les feuilles des arbustes où leur coloration verte les rend difficiles à découvrir. Les *Phasmes* vivent dans les taillis et les buissons dont ils dévorent les feuilles pendant la nuit.

Les *Acridiens* (*Criquets, Sauterelles*) sont connus par les ravages que font certaines espèces : les *Criquets voyageurs* dévastent toutes les récoltes sur leur passage. Généralement ils se plaisent sur les coteaux exposés aux rayons du soleil, sur les montagnes et dans les localités sèches. Les *Locustes* ou *Sauterelles à sabre* se tiennent principalement sur les buissons, sur les arbres, sur les plantes basses et dans les hautes herbes. Les *Dolichopodes* vivent dans les cavernes et les grottes.

Les *Grillons* préfèrent les landes arides et les champs sablonneux où ils se creusent des galeries.

Le *Grillon domestique* recherche les cuisines, les boulangeries, les moulins.

Les *Taupes-grillons* ou *Courtilières* habitent les sols légers ou sablonneux; elles commettent de grands dégâts dans les jardins en creusant des galeries à travers les plants de légumes et de fleurs qu'elles bouleversent sur leur passage.

Parmi les espèces vivant dans des conditions spéciales, citons la *Myrmecophyla acervorum* qui vit dans les fourmilières et le *Tridactylus variegatus* qui se rencontre au bord du Rhône, sur les berges formées de sable très fin.

Préparation des Orthoptères. — Au retour de la chasse on retire de la bouteille les animaux recueillis; quelques-uns, malgré leur immersion dans la sciure benzinée, sont encore vivants : on doit commencer par les tuer. Le chloroforme et l'éther ne doivent pas être employés dans ce cas, les vapeurs de ces liquides rubéfient les Orthoptères et altèrent leurs couleurs. La benzine, en vapeur, et le cyanure de potassium sont les meilleures substances à employer.

Lorsque tous les insectes ont été tués on les sépare par espèce et on procède au piquage : « Les Orthoptères se piquent sur le *pronotum* (1), à droite de la ligne longitudinale médiane. C'est à tort que quelques auteurs conseillent de les piquer, comme les Coléoptères, sur l'élytre droite. Certainement les caractères donnés par le pronotum sont importants, mais il est très facile de piquer l'insecte sans les altérer et il est bien plus important de pouvoir développer les organes du vol; en outre le prothorax est la partie la plus ferme du corps et par conséquent celle qui supportera mieux le percement fait par l'épingle. » (Finot.)

Dans certaines espèces, comme les Forficules, l'abdomen se sépare quelquefois du thorax ; pour prévenir cet accident on peut passer longitudinalement dans l'insecte frais un fil ou un crin très mince.

Les grosses espèces ne peuvent se conserver sans une préparation spéciale, à cause de la grosseur de l'abdomen ; voici la manière de procéder indiquée par M. Finot :

« Avec des ciseaux à pointes fines on fait une incision au milieu de la partie ventrale de l'abdomen, en respectant les derniers segments abdominaux qui avoisinent la plaque sous-génitale. Pour les Acridiens, dont les segments sont presque cornés, il est préférable de faire deux incisions suivant les bords latéraux des quatre premiers segments ventraux ; puis avec un canif, on sépare les quatrième et cinquième segments. Les quatre premiers segments se soulèvent alors facilement, et, après l'empaillage, il ne reste pas de trace apparente de l'opération. Ces incisions faites, il faut retirer avec des pinces tous les organes intérieurs, particulièrement les organes abdominaux qui sont très putrescibles. On les remplace ensuite par du coton cardé que l'on bourre un peu ; puis les bords des incisions sont recollés à leur place naturelle avec de la gomme arabique. Il faut piquer

---

(1) Le *Pronotum* est la partie la plus apparente du dessus du thorax.

avec précaution les insectes empaillés et coller en dessous, avec un peu de gomme arabique, l'épingle au bord
du trou. S'il est impossible de préparer de suite les insectes à empailler, il devient nécessaire alors de les
conserver dans l'acool pour éviter la putréfaction ; mais
on ne doit pas les y laisser plus de trois ou quatre jours
si l'on veut que l'insecte, après sa dessiccation, conserve
quelque peu de ses couleurs naturelles. »

Lorsque les sujets ont été ainsi préparés et piqués, on
les laisse sécher complètement avant de les placer dans
la collection ; on doit auparavant leur donner une bonne
attitude ; celle du repos est la plus naturelle.

Il est quelquefois nécessaire de pouvoir examiner les
ailes inférieures des Orthoptères ; dans ce cas on les
étale comme les papillons ; l'étaloir (fig. 52) doit avoir

Fig. 52.

une large rainure à cause du volume du corps ; les pattes
et les antennes sont disposées comme pour les Lépidoptères (fig. 41) ; cependant l'usage a prévalu de replier
en arrière les antennes des Blattes, des Locustes et des
Grillons, parallèlement à la ligne médiane, à cause de
leur longueur et de leur fragilité.

Les petites espèces d'Orthoptères se collent sur des
cartons ou des plaques de mica comme les Micro-
coléoptères (fig. 29). Quant à la conservation de ces collections, on emploie tous les procédés que nous avons
indiqués pour les Coléoptères.

Collection d'Orthoptères. — Cette collection
peut être installée comme celle de Coléoptères ; pour la
détermination et la classification des espèces on peut

consulter l'ouvrage de M. Finot déjà cité : *Les Orthoptères de France*.

THYSANOURES ET THYSANOPTÈRES

Ces petits insectes semblent former une transition entre les Orthoptères et les Névroptères. Ils sont assez négligés des Naturalistes et ne se composent que de peu d'espèces.

Recherche et préparation. — Ces insectes vivent dans des conditions très différentes selon les familles : les *Lépismes*, que les enfants nomment *Petits poissons d'argent*, se trouvent dans les greniers, dans les endroits humides, dans les boîtes renfermant des provisions, des papiers ou de vieilles étoffes ; ils courent très vite et sont difficiles à saisir sans enlever les écailles qui couvrent leur corps.

Les *Podures* vivent sur les buissons, sur les feuilles.

Les *Lipures* se rencontrent dans les fumiers, sur les pierres humides.

Les *Thrips* sont très petits et vivent sur les céréales. Ces petits insectes doivent être préparés comme les Microcoléoptères.

Cette collection peut faire le complément de celle d'Orthoptères.

NÉVROPTÈRES

Les Névroptères sont des insectes élégants, ornés souvent de couleurs agréables et dont la collection offre autant d'intérêt que celle des Lépidoptères. Les espèces qui composent cet ordre ne sont pas nombreuses et il est facile d'en recueillir un certain nombre en France.

Recherche des Névroptères. — Cette chasse se fait comme celle des Lépidoptères au moyen du filet-fauchoir (fig. 35) ; beaucoup d'espèces étant de grande taille, on doit se munir de la boîte de chasse (fig. 19) : on les pique immédiatement et on les place dans la boîte.

Pseudo-névroptères. — Les *Termites* ou *Fourmis blanches* habitent principalement les pays chauds où ils sont si nombreux qu'il est facile de s'en procurer. Le *Termite à cou jaune* se rencontre dans le Midi de la France, ainsi que le *Termite lucifuge* qui vit aux environs de Bordeaux et remonte jusqu'à la Rochelle.

Les *Psoques*, ou *Pous de bois*, vivent sur les arbres, parmi les Lichens. Le *Psoque des poussières* (*Troctes pulsatorius*) se trouve dans les amas de vieux papiers et dans les collections d'Insectes négligées.

Les *Perles* sont communes partout, on les trouve en grande quantité sur les parapets des quais de Paris.

Les *Ephémères* apparaissent dès le mois de mai et voltigent en nuées nombreuses à la tombée de la nuit ; la lumière les attire de fort loin.

Les *Libellules* ou *Demoiselles* aiment à voltiger au-dessus des étangs et des ruisseaux depuis le mois de mai jusqu'à l'automne. Lorsque le vent souffle avec violence, elles restent posées sur les buissons ou les roseaux et on peut alors les prendre facilement avec les doigts.

Les *Calopterix* aux brillantes couleurs apparaissent en juillet et en août ; les *Lestes* et les *Agrions* se posent sur les joncs qui émergent dans les étangs.

Névroptères proprement dits. — Les *Myrmécoléons* se rencontrent dans les bois sablonneux, comme à Fontainebleau ; ils volent lourdement de juillet en-septembre ; leurs larves ou *fourmilions* s'établissent dans de petits entonnoirs creusés dans le sable au pied des talus sablonneux.

Les *Ascalaphes*, qui volent avec rapidité sur les prairies élevées et chaudes, sont surtout communs dans le Midi de la France. Les *Sialis* voltigent lourdement au-dessus des eaux stagnantes et courantes, se reposant au soleil, le long des berges, sur les plantes ou les pilotis. Les *Panorpes* se tiennent dans les buissons.

Les *Phryganes* apparaissent à partir du mois de mai ; elles sont trop communes sur les étangs et les ruisseaux ; leurs larves se construisent des fourreaux composés de petits fragments de bois, de petites pierres et de petites coquilles agglutinées ; ces fourreaux flottent dans l'eau ; il est intéressant de les recueillir pour les placer dans la collection à côté de l'insecte à l'état parfait.

Préparation des Névroptères. — Ces insectes se préparent comme les Lépidoptères ; on se sert d'un étaloir ; on pique les sujets sur le thorax et on dispose les ailes de façon à leur donner une forme symétrique qui permette de les examiner. Les grosses espèces demandent une préparation spéciale :

« Il faut, en rentrant de la chasse, ouvrir l'abdomen en dessous jusqu'au huitième segment, en épargnant les deuxième et troisième segments qui présentent des caractères utiles à conserver. On enlève l'intérieur avec les pinces fines et l'on place dans l'abdomen du papier ayant la même forme et une couleur appropriée, s'il s'agit d'une espèce à abdomen transparent. Des papiers jaunes, rouges, bleus, d'un vert clair et surtout blancs suffisent pour redonner les teintes approximatives. Pour les abdomens cylindriques, on fait un petit rouleau de papier qu'on enfonce jusque dans le thorax qu'on remplit de ouate. Pour les espèces de petite taille on assure la solidité de l'abdomen en passant dans sa longueur un ou plusieurs crins ; quand les insectes sont plus gros, on peut employer une feuille desséchée de pin ou une paille fine qu'on enduit d'un peu de gomme arabique liquide ou même de gomme laque. » (Fairmaire.)

Pour la conservation de ces insectes on emploie les procédés indiqués pour les Lépidoptères.

Collection de Névroptères. — Cette collection peut être disposée comme celle de Papillons ; pour la détermination et la classification des espèces on pourra consulter l'ouvrage de Pictet : *Histoire naturelle et particulière des Insectes névroptères* et les monographies de MM. Sèlys-Longchamps et Hagen.

HEMIPTÈRES

Les Hémiptères ou *Rhyncotes* sont en général assez négligés par les entomologistes, soit à cause de l'odeur peu agréable que répandent quelques espèces, soit à cause de leur nom de *Punaises* qui produit une certaine répugnance ; cependant cet ordre, qui comprend des insectes bien connues en France : *Punaises, Cigales, Pucerons, Cochenilles*, est intéressant et mérite d'être étudié.

Recherche des Hémiptères. — On chasse les Hémiptères de la même manière que les Coléoptères : le filet-fauchoir, le parapluie et un troubleau à mailles très fines, pour les espèces aquatiques, sont les instruments les plus indispensables. On doit aussi se munir de pinces de chasse, pour recueillir certaines espèces qui piquent vigoureusement ; mais ces piqûres n'ont aucun caractère dangereux ; une loupe est aussi indispensable pour la recherche des Pucerons.

Les mœurs de ces insectes varient beaucoup et exigent des moyens de recherche spéciaux selon les familles. Nous empruntons à M. d'Autessanty et à M. Fairmaire, quelques renseignements précieux pour la recherche des Hémiptères.

Hétéroptères. — Les *Pentatomides* vivent généralement sur les plantes pendant l'été, et sous la mousse en hiver. Une espèce rare en France : le *Coptosoma globus*, se trouve en juin et en juillet sur les grandes herbes, dans les clairières des bois, quelquefois en nombre sur une même tige de Scabieuse.

Les *Scutelleriens*, dont les espèces exotiques sont ornées de couleurs .si brillantes, ne sont représentées en France que par quelques espèces ; ils vivent sur les plantes dans les endroits secs.

Les *Cydniens* vivent sous les pierres et les mottes de terre.

Les *Coréides* habitent sur les plantes et sous la mousse en hiver, quelques-uns dans les buissons et sur les plantes aquatiques.

Les *Bérytides* se trouvent sous la mousse, les feuilles sèches et aussi sur les Epicéas.

Les *Lygéides* ont un habitat qui varie selon les genres : on trouve les *Nysius* sur le thym, l'origan, le séneçon, les *Oxycarenus* sur les herbes dans les bois ou les prés, les *Stygnus* sous les mousses, ainsi que les *Scolopostethus*.

Les *Pyrrochoris*, connus sous le nom de *Suisses*, vivent en colonies sur le bas des troncs de tilleuls, toujours du côté du soleil.

Les *Phymatides* se prennent en fauchant, surtout sur les graminées des coteaux arides. — Les *Tingitides* se trouvent sur les mousses, les feuilles sèches, au pied des arbres, sous les vieux fagots.

Les *Aralides*, qui sont très aplatis, vivent pour la plupart sous les écorces d'arbres où leur forme leur permet de pénétrer et de se mouvoir.

Les *Capsides* se trouvent sur les plantes, les arbustes et les arbres pendant la bonne saison.

Les *Cimicides* ne sont que trop connus, surtout la *Punaise des lits (Cimex lectularius)* qui est l'hôte incommode de nos habitations ; on trouve d'autres espèces de Punaises dans les nids d'Hirondelles, les pigeonniers et sur les Chauves-Souris.

Les *Anthocorides* vivent sur les arbustes, sous les tas de foin, dans les vieux fagots et sous les écorces des arbres morts.

Les *Réduvides* sont des Hémiptères essentiellement carnassiers, comme les *Carabiques* parmi les Coléoptères ; on les trouve sur les arbres, les plantes herbacées, sous les pierres, la mousse, dans les fagots et jusque dans les appartements ; il faut les saisir avec précaution, car certaines espèces piquent fortement, surtout quand il fait très chaud.

Les *Salides* vivent au bord des eaux ; ils volent et sautent avec une grande agilité, ce qui rend leur capture difficile.

Les *Hydrométrides* sont faciles à reconnaître à leur corps grêle et à leurs longues pattes ; ils vivent au bord des fossés, sur la vase et aussi sur l'eau. Les *Gerridles* courent rapidement sur la surface de l'eau.

Les *Naucorides* se trouvent dans les mares ; il faut les prendre avec précaution, car ils piquent vigoureusement.

Les *Népides* se tiennent dans les herbes aquatiques, au fond des eaux stagnantes ou dans la vase dont ils sont souvent enduits.

Les *Noctonectides* vivent aussi dans les flaques d'eaux tranquilles où ils nagent rapidement.}

Les *Corisides* habitent les ruisseaux, les mares, les étangs.

Homoptères. — Les espèces exotiques sont très belles, celles de France sont moins brillantes ; on les rencontre généralement dans les terrains arides et sablonneux.

Les *Lébrides* vivent sur les Chênes ; ils sautent avec une grande force. Les *Tettigonides* se trouvent dans les prés, les terrains humides, les buissons un peu bas.

Les *Cigales*, qui sont communes dans le Midi de la France, se tiennent sur les arbres, surtout sur les Pins maritimes ; leur cri assourdissant décèle leur présence, mais elles volent avec une grande facilité et sont difficiles à saisir.

Sternorhynques. — Ces Hémiptères sont de taille généralement fort petite.

Les *Psyllides* sont nombreux en espèces et vivent sur des végétaux très variés : sur les Aulnes, les Poiriers, les Genêts, les Frênes, les Myrtes, les Figuiers, le Buis.

Les *Aphides* sont ces *Pucerons* à la démarche lente, qui se tiennent en masses immobiles sur les végétaux dont ils sucent la sève. On rencontre les uns sur les Cerisiers, les Rosiers, les Chardons, les Centaurées, les Scabieuses, d'autres sur les Pois, les Trèfles, les Genêts, les Cerfeuils, les feuilles de Pavots, les Fèves, les Haricots, etc...

Les *Lachnus* vivent sur les arbres dont ils enroulent les feuilles pour s'en former un abri ; le *Lachnus laniger* est bien connu pour les dommages qu'il cause aux Pommiers,

Le *Phylloxera* (fig. 53), qui a été le sujet d'études si inté-

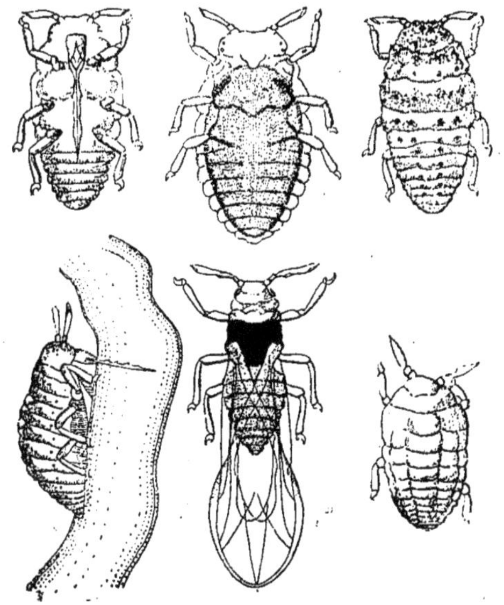

Fig. 53. — Phylloxéra à différents âges, ailés et sans ailes.

ressantes depuis quelques années, n'est que trop facile
à recueillr sur les vignes dans certaines parties de la
France.

Les *Coccides* dont le type est la *Cochenille du Nopal*
(*Coccus Cacti*) sont connus pour la belle couleur qu'ils
fournissent aux arts et à l'industrie. Certaines espèces
causent de grands dommages aux plantes cultivées : les
Orthezia sont communs sur les Euphorbes, les Orties, le
Lierre terrestre et les Géraniums ; les *Aspidiotus*, sous les
feuilles de Camélias et, dans le Midi, sur les Genêts et
les Oliviers. Les *Lecanium* vivent sur les Orangers, les
Erables, les Pommiers et les Poiriers. Les *Kermès* sont
communs dans le Midi sur les Chênes, les Pêchers, les
Ormes.

On voit par les renseignements que nous venons de
donner combien les Hémiptères vivent dans des conditions variées et exigent des moyens différents pour les
recueillir. « Beaucoup de petits Cicadelles, dit M. Fairmaire, des *Cixius*, des *Asiraca*, des *Delphax* surtout, peuvent être pris facilement en étendant une nappe dans les
endroits couverts de gazon, soit dans les prés, soit dans
les clairières. Ces insectes sautent ou s'envolent très facilement ; on les fait sortir en piétinant le sol tout autour
de la nappe et on les saisit au moyen de tubes allongés
ou renflés en boule à l'extrémité. On prend aussi
beaucoup d'Hémiptères à la base des plantes basses,
surtout dans les endroits sablonneux, sur le talus des
fossés, des routes. Comme ils sont d'une petite taille et
souvent cachés dans les racines, dans les mousses, ou collés contre les feuilles, on les fait sortir en les enfumant
Les Hémiptères aquatiques se prennent au filet comme les
Coléoptères qui vivent dans les mêmes eaux ; il faut se
méfier de leur rostre qui, chez quelques espèces, pique
assez fortement. Ces insectes sont généralement très
fragiles et il faut beaucoup de précautions pour les récolter en bon état. On devra éviter d'en mettre un trop
grand nombre dans un même flacon ou un même tube ;

il faut veiller à ce que l'intérieur du flacon ne soit pas humide et il est bon d'avoir un flacon de rechange. Les *Aphis*, notamment, sont d'une contexture si molle qu'on les perd si on les met avec d'autres insectes ; il faut mettre chaque espèce dans un cornet de papier ou dans un tube, en notant le nom de la plante sur laquelle on les trouve. On pourrait, pour toutes les espèces délicates de cet ordre, employer aussi les flacons préparés au cyanure de potassium. » ,

Préparation des Hémiptères. — La manière de piquer les Hémiptères diffère selon les familles et même les genres : on les pique, soit sur l'élytre droite, soit sur le milieu de l'écusson, soit au milieu du corselet. Quand l'écusson est bien développé, comme dans la plupart des Pentatomides, c'est l'endroit le plus commode. Les grosses espèces, comme les Cigales, peuvent être disposées dans l'attitude du vol, on se sert dans ce cas de l'étaloir. Les espèces qui ont l'abdomen volumineux doivent être préparées par le procédé que nous avons indiqué pour les Orthoptères.

Les petites espèces (*Kermès, Cochenilles*), qui vivent en parasites sur certaines plantes en plein air ou dans les serres peuvent être conservées dans de l'alcool dilué ; mais il est bon, pour celles qui offrent un peu de résistance et qui recouvrent parfois les branches et les feuilles, d'enlever des portions d'écorce ou de feuille pour les placer en collection dans leur état naturel, sauf à en garder aussi dans l'alcool. On peut encore les coller comme dans les Microcoléoptères ; depuis quelques années des collectionneurs ont trouvé le moyen de conserver les Pucerons et Cochenilles entre deux verres dans une goutte de baume de Canada ou de glycérine gélatinée ; on obtient par ce moyen une conservation indéfinie.

Collection d'Hémiptères. — Cette collection

peut être installée comme celle des Coléoptères ; on emploie pour sa préservation tous les procédés que nous avons indiqués au sujet de ces insectes. Quant à la détermination et à la classification des Hémiptères, on peut consulter l'ouvrage de MM. Amyot et Serville : *Insectes Hémiptères*, et surtout de M. Fairmaire : *les Hémiptères de France* (1).

PARASITES

Tous les Entomologistes éprouvent une telle répugnance pour ces insectes qu'ils sont généralement négli-

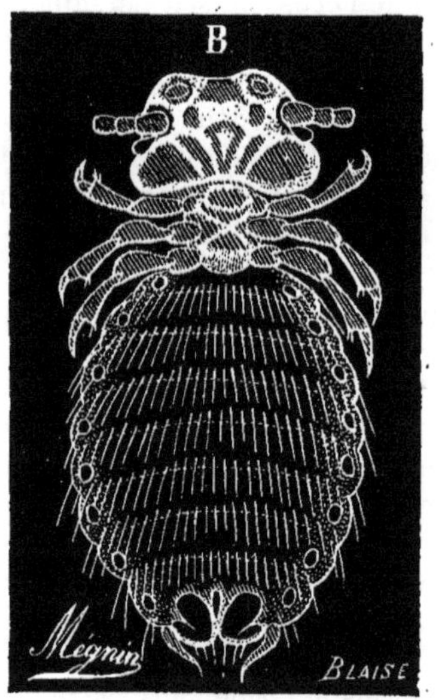

Fig. 54. — Poux de l'oie.

gés et que peu d'amateurs les collectionnent. Nous n'en

---

(1) FAIRMAIRE. *Hémiptères de France*. 1 vol. Les Fills d'Emile Leyrolle, éditeurs.

dirons que quelques mots pour ceux qui voudraient se livrer à ce genre d'étude.

Mallophages et Pédiculides. — Ces *Parasites* vivent aux dépens de l'homme, des Mammifères et des Oiseaux; les *Trichodectes* sont les parasites du Chien, de la Chèvre, des Moutons ; les *Docophores* (fig. 54) vivent sur les Poules, les Oies, les Pigeons ; les *Goniodes* sur les Paons.

Les *Pédiculiens* ou *Poux* proprement dits se composen₁ d'une dizaine d'espèces qu'on trouve sur l'homme et les mammifères.

Les *Hématopines* sont les poux des animaux domestiques, ils vivent sur le Chien, le Cheval, le Bœuf, l'Ane, le Porc.

DIPTÈRES

Les Diptères sont des animaux souvent élégants, quelquefois ornés de couleurs agréables et sont néanmoins de tous les insectes, ceux qui sont le moins étudiés, malgré tout l'intérêt que présente cette étude. Ils se composent d'un grand nombre d'espèces que l'on trouve dans les conditions les plus diverses.

Recherche des Diptères. — L'instrument le plus utile est le filet-fauchoir (fig. 35) avec lequel on les capture comme les Lépidoptères ; on peut aussi employer la pince à raquettes (fig. 36). Ces insectes sont piqués immédiatement et placés dans la boîte de chasse (fig. 19) ; il n'y a aucun danger à redouter : les *Asiles*, les *Taons*, les *Chrysops* pourraient seuls enfoncer leur suçoir dans la peau, mais on ne leur en donne pas le temps. On peut aussi les placer, après leur capture, dans le flacon à cyanure de potassium ou dans la bouteille de chasse (fig. 14) que l'on a eu soin de remplir de tortillons de papier et de sciure de bois imprégnée de quelques gouttes d'éther ou de chloroforme ; la benzine n'est pas assez volatile et les détériore ; il faut surtout éviter l'humidité qui ferait coller les ailes aux parois du flacon.

Némocères. — Ces Diptères sont répandus partout, le nombre des espèces en est considérable : les *Culicides*, à l'état de larves et de nymphes, vivent dans l'eau ; les *Moustiques* ou *Cousins* se trouvent partout en France, surtout dans le Midi ; les *Tipules* voltigent dans les prés, les bois, autour des buissons et des troncs d'arbres ; les *Cécidomyes* s'abritent pendant le jour au bas des tiges de blé qu'elles quittent le soir pour former des essaims nombreux.

Brachocères. — Les *Tabanides* ou *Taons* attaquent les Bœufs, Chevaux, Anes, etc... sur lesquels ils se laissent facilement capturer. Les *Asiles* se trouvent sur les buissons, sur les routes, sur les troncs d'arbres : l'*Asile frelon* est commun sur les chaumes qu'il rase en bourdonnant. Les *Empis* paraissent de mai en juin et sont communs dans la campagne. Les *Antrax* sont parasites de certains Hyménoptères ; les *Bombyles* et les *Syrphides* volent sur les fleurs comme les Sphinx. Les *Stratiomys* se plaisent au bord des mares où ils se tiennent immobiles à la face inférieure des feuilles de plantes aquatiques. Les *Volucelles* s'introduisent dans les nids de Guêpes pour y déposer leurs œufs. Les *Eristales* sont bien connues, surtout leurs larves qui naissent dans la vase, le fumier, les endroits malpropres et que l'on désigne sous le nom de *Vers à queue de rat*.

Muscides. — Cette famille renferme des milliers d'espèces qui offrent autant de formes différentes, tout en ayant de grandes analogies : la Mouche domestique

(*Musca domestica*) qui est l'hôte importun de nos habitations, la Mouche bleue (*Calliphora vomitoria*) si redoutable pour nos provisions de viande, la Mouche vert doré (*Lucilia Cæsar*) qui voltige sur les matières en décomposition, la Mouche piquante (*Stomoxys calcitrans*) qui harcèle sens cesse les chevaux et les bestiaux.

Les *Œstres* se trouvent en août et en septembre aux endroits où les Moutons vont paître, dans les creux de murailles, dans les crevasses d'écorces. Les *Hypodermes* voltigent autour des troupeaux. Les *Branla* ou *Poux d'Abeilles* vivent en parasites sur les Hyménoptères.

« C'est dans les prairies, dans les clairières, sur les Ombellifères, les Radiées, les Carduacées, les Synanthérées qu'on rencontre le plus grand nombre de Diptères. Les espèces parasites des Hyménoptères se prennent à l'entrée des galeries ou des nids creusés par ces derniers dans les talus, les vieux murs ou dans les terrains arides exposés au soleil. Quelques-unes, qui vivent aux dépens des Bourdons, peuvent être élevées avec les nids de ces insectes ; certains Coléoptères sont exposés aussi à ce parasitisme, les *Cassides* notamment ; quand on soupçonne un de ces insectes d'être attaqué, on le séquestre dans une petite boîte vitrée. Beaucoup de Diptères, parasites de Chenilles et des Chrysalides de Lépidoptères, s'obtiennent facilement et en abondance quand on élève ces derniers. Pour recueillir les nombreuses petites espèces mineuses de feuilles, il suffit de mettre les feuilles attaquées dans des boîtes fermées par une fine toile métallique, en ayant soin de séparer les espèces végétales par boîte. On élève de même les Mouches qui vivent dans les capitules des Chardons et autres fleurs à réceptacle épais. Enfin il ne faut pas négliger les fientes et les excréments de toutes sortes, les cadavres d'animaux ; un des Diptères les plus rares vit exclusivement sur les cadavres de Chiens. Enfin quelques espèces se développent dans l'intérieur des animaux vivants, comme les *Œstres* du Cheval, du Cerf, du Chevreuil. Pour se les procurer il faut tâcher de recueillir les larves dans les endroits où ces quadrupèdes se tiennent réunis et où ces larves tombent pour subir en terre leurs dernières métamorphoses. Les *Hippobosques* sont plus faciles à trouver sur les Chevaux et les Bœufs, ainsi que les *Nyctéribies* aptères sous les ailes des Chauves-souris. On prend sur beaucoup d'Oiseaux, les Hirondelles notamment, les *Ornithomyes*, mouches qui ressemblent extrêmement aux Hippobosques. » (Fairmaire.)

Ainsi qu'on l'a vu par les renseignements ci-dessus, on peut non seulement recueillir les Diptères vivants, mais aussi les élever; c'est la manière la plus commode et la plus instructive. Voici comment M. le Dr Gobert recommande de procéder :

« Beaucoup de larves sont parasites, soit d'autres animaux, soit de Chenilles et de larves, d'autres vivent dans les tiges des plantes ou sont mineuses de feuilles; enfin beaucoup vivent dans diverses champignons et dans les matières animales en décomposition. Après avoir mis dans un bocal ou dans un grand tube un peu de terre humide, je place dessus tous ces détritus, végétaux ou animaux, au milieu desquels j'ai préalablement constaté la présence des larves. A l'époque de leur transformation elles s'enfoncent presque toutes en terre et donnent naissance à des insectes parfaits, de la plus grande fraîcheur. Si ce sont des pupes que je récolte, je les place soit sur de la terre, soit sur du coton un peu humide et j'obtiens le même résultat. »

Aphanistères. — Les Aphanistères ou *Pulicides* se composent du seul ordre des *Puces* dont les différentes espèces vivent sur les animaux à sang chaud : l'Homme, le Chien, le Chat, etc...

Il n'est malheureusement que trop facile de se procurer ces insectes; à cause de leur petite taille on les prépare comme les Microcoléoptères (p. 57).

Préparation des Diptères. — Les Diptères se

piquent sur le milieu du corselet; on peut leur donner
l'attitude du repos en repliant les ailes, ou les préparer,
au moyen d'un étaloir (fig. 38), dans la position du vol.
On place les insectes ainsi préparés dans une boîte
recouverte de gaze afin de permettre l'évaporation; après
dessiccation complète on les place dans la collection.
M. Malm, directeur du Musée de Gothembourg, emploie
pour les grosses espèces le procédé suivant : « Après
avoir piqué l'insecte, pratiquez avec des ciseaux bien
tranchants une fente longitudinale sur le côté droit de
l'abdomen, puis retirez-en les entrailles à l'aide d'une
épingle crochue, bourrez ensuite l'abdomen de coton
imbibé d'une solution arsénicale. Pour les petits insectes,
il suffit de glisser dans l'abdomen, après l'avoir vidé,
une mince feuille de papier imbibé de la même solution;
j'ai vu des insectes ainsi préparés et conservés depuis
plus de quinze ans; ils avaient conservé leurs formes et
leurs couleurs naturelles. »

Les petits Diptères, qui ne peuvent être collés, sont
préparés comme les Micro-coléoptères (p. 55); on doit
avoir soin, en les collant, de laisser à découvert les
organes de la bouche et les pattes.

Collection de Diptères. — Cette collection peut
être installée comme celle de Coléoptères; on emploie
pour sa conservation les procédés indiqués aussi pour ces
insectes. Il existe peu d'ouvrages sur les Diptères; pour
la détermination et la classification on pourra consulter
l'ouvrage de Macquart : *Histoire naturelle des Insectes Diptères* (1) et celui faisant partie de l'Histoire naturelle de la
France qui est sous presse.

---

(1) MACQUART. *Histoire naturelle des Insectes Diptères*, 2 vol.

HYMÉNOPTÈRES

Si certains ordres d'Insectes sont assez négligés par les entomologistes, il n'en est pas ainsi pour les Hyménoptères, surtout les *Apiaires* (Abeilles) et les *Formicides* (Fourmis) qui ont été soigneusement étudiées.

Les Hyménoptères constituent l'ordre d'Insectes le plus considérable, et leur chasse est peut-être la plus variée.

Recherche des Hyménoptères. — Pour ces insectes on emploie le filet-fauchoir (fig. 35) qui est l'instrument indispensable pour chasser dans les bruyères, les fougères, les prés à hautes herbes. Mais pour capturer certaines espèces il faut prendre des précautions contre leur piqûre qui est fort douloureuse; on doit, dans ce cas, employer la pince à raquettes (fig. 36), surtout pour capturer les Hyménoptères sur les fleurs; on saisit l'insecte emprisonné entre les raquettes au moyen des pinces de chasse (fig. 25) et on l'introduit dans la bouteille de chasse (fig. 14).

« Lorsqu'on chasse avec le filet de gaze, dit M. Fairmaire, il faut commencer par piquer les gros Hyménoptères, ou par faire envoler les Abeilles, les Guêpes ou autres espèces communes qui embarrassent, puis on enfonce le fond du filet dans un flacon à large tubulure préparé au cyanure de potassium (fig. 17), afin d'asphyxier, au moins momentanément, tout le contenu. Quand la masse ne bouge plus, on peut faire son choix sur-le-champ ou attendre le retour au logis. Il faut se poster auprès des fleurs que les Hyménoptères affectionnent : au printemps ce sont les Saules et les Marceaux, en été les Labiées, les Ombellifères, les Carduacées, les Malvacées, les Résédas sauvages, etc. Ce sont surtout les insectes de la famille des Apiaires que l'on trouve de cette manière. Pour les Fouisseurs, comme les *Pompiles, Crabrons, Cerceris, Philanthes*, il faut chercher des talus sableux ou calcaires bien exposés au soleil et attendre l'entrée ou la sortie des habitants qui ont creusé des souterrains dans le sol, il est alors facile de les capturer. Outre les Fouisseurs, on trouve dans les mêmes localités des Hyménoptères de divers genres : des *Osmies*, des *Andrènes*, des *Halictes*, des *Mégachiles*, etc., et l'on peut, en outre, capturer les parasites qui vont vivre à leurs dépens, tels que des *Mutilles*, des *Chrysis. Epéoles, Ichneumons, Chalcidites*, etc. Les vieux murs présentent des localités analogues lorsque leurs pierres disjointes ou reliées par un mortier sableux ou terreux permettent aux insectes d'y percer des galeries. On trouve aussi beaucoup d'Hémynoptères, surtout d'Aptères, sous les mousses, sous les feuilles mortes, sur les troncs d'arbres coupés, on peut se procurer ainsi un certain nombre d'espèces en conservant des morceaux de vieux bois, des tiges de ronces, des galles qui poussent sur les feuilles et les branches de différents arbres. Pour les Fourmis, il est facile de les trouver dans leurs nids, mais quelques-unes vivent en petites sociétés. Il faut toujours avoir soin de prendre les trois sexes dans chaque nid, car ensuite il n'est pas facile, quand on les prend isolément, de reconnaître à quelle espèce chaque sexe appartient. On se procure un grand nombre d'Hyménoptères en récoltant les galles ou excroissances qui sont développées sur beaucoup de végétaux par les *Cynips* et quelques *Chalcidites* et en élevant des Chenilles de Papillons piquées par des *Ichneumons* et des *Chalcidites*.

Les Hyménoptères de la famille des *Tenthrédines* peuvent se chasser avec le filet de gaze; ils sont dépourvus d'aiguillons et ne peuvent faire aucun mal. Mais le moyen le plus sûr d'en colliger un grand nombre, consiste à élever leurs larves qui ressemblent aux chenilles de Papillons et n'en diffèrent que par le nombre de pattes qui est de huit ou dix chez ces dernières et de douze à seize chez les Tenthrédines ; de plus les pattes des vraies chenilles sont armées d'une couronne de crochets ou épines arquées qui manque complètement chez les autres. On trouve ces fausses Chenilles notamment sur les Bouleaux, les Saules, les Osiers, les Aulnes ; les Rosiers en sont parfois couverts ; les Pins, les Sapins en nourrissent plusieurs espèces. »

Voici encore un moyen ingénieux de capturer des Hyménoptères (1) :

« Quelque temps avant la saison où les Hyménoptères pondent leurs œufs, on coupe perpendiculairement ou un peu obliquement à leur axe les rameaux de certains arbustes, dont le centre contient une moelle abondante ; cette moelle est ainsi mise à nu, et les femelles d'Hyménoptères, la trouvant à leur convenance pour y déposer leurs larves, viennent y enfoncer leur tarière et y pondre leurs œufs. Quelque temps après, on détache l'extrémité du rameau sur une longueur de 15 à 20 centimètres, et l'on renferme les baguettes ainsi coupées dans un bocal fermé à sa partie supérieure, mais où l'air puisse quelque peu se renouveler. Les œufs éclosent, les jeunes larves se développent dans leurs cellules et y accomplissent leurs métamorphoses ; enfin quand l'insecte parfait s'est débarrassé de sa nymphe, il se pratique une issue et sort de sa première demeure, mais il se trouve alors dans une autre prison où il est facile de l'étudier. »

Les *Apides*, qui comprennent les *Abeilles*, les *Bourdons* les *Xylocopes*, sont communs en France et faciles à recueillir, ainsi que les *Guêpes*, les *Pompiles* et les *Mutilles* ; leur habitat est tellement varié qu'il est difficile d'indiquer ici toutes les localités qu'ils recherchent ; on peut les capturer avec leur nid qui est souvent fort curieux et doit figurer dans une collection d'Hyménoptères à côté

---

(1) Voir au chapitre des Coléoptères : *Instruments pour la chasse.*

de l'espèce à laquelle il appartient. Mais la récolte de
ces nids n'est pas sans présenter des dangers pour l'Entomologiste : « Quand on prend un nid de guêpes, par
exemple, il faut s'assurer d'abord s'il est quitté par ses
habitants. On entoure ensuite le nid du troubleau, ce
qui permet de tuer, le cas échéant, un dernier retarda-
taire de la colonie, ou bien on prend le nid entre les
deux moitiés d'une boîte en carton que l'on ferme vivement; on emporte ainsi le nid avec les insectes qui au-
raient encore pu y demeurer. Ces derniers ne tardent pas
à manifester leur présence par un bourdonnement inin-
terrompu. Arrivé à la maison on s'empresse de tuer au
moyen de vapeur de soufre qu'on fait arriver dans la
boîte. » (Capus.)

On emploie aussi quelquefois des gants en caoutchouc
pour récolter sans danger les nids d'Hyménoptères. Les
Italiens ont inventé des gants moins coûteux et fort utiles
dans ce cas ; ils sont en coton tricoté, rendu impéné-
trable par une couche de gomme insoluble et élastique
que l'on conserve indéfiniment en bon état par quelques
badigeonnages d'huile d'olive (1).

Malgré toutes les précautions prises, il arrive souvent
que l'Entomologiste est piqué par un Hyménoptère ; il
faut alors procéder avant tout à l'extraction de l'aiguillon
s'il est resté engagé dans la plaie :

« Pour cela on enfonce une épingle le long de l'aiguillon, sans le comprimer, afin de ne pas déterminer l'écou-
lement d'une nouvelle quantité de venin et l'on exerce
une traction de bas en haut. Les éleveurs d'abeilles ne
prennent pas toutes ces précautions ; ils tordent simple-
ment la peau en comprimant d'abord la partie la plus
profonde; l'inflammation survient rarement, mais on a
constaté pourtant quelquefois des accidents inflamma-
toires graves ; aussi est-il bon de paralyser l'effet du ve-

---

(1) On trouve ces gants à Milan, place Cavour, 4, au prix de
2 fr. 50.

nin. On a conseillé pour cela l'emploi de l'eau fraîche, de l'eau vinaigrée ou phéniquée, ou bien encore de l'eau additionnée d'eau sédative ou de quelques gouttes d'ammoniaque, 8 ou 10 gouttes pour un verre d'eau. On lavera la piqûre avec un de ces liquides, auquel on peut ajouter 10 à 15 gouttes de laudanum, si la douleur est trop intense. Les habitants de la campagne frottent avec du persil, de la menthe ou bien encore de l'absinthe l'endroit piqué. Le plus ordinairement la douleur est passagère et n'est pas accompagnée d'accident, même lorsqu'on ne fait intervenir aucun traitement (1). » (Brehm.)

Les *Formicides*, dont les mœurs ont été soigneusement étudiées par tant de Naturalistes, vivent en colonies : rares dans les régions froides, elles sont nombreuses dans les pays chauds ; la France en possède plus de 80 espèces ! Leur habitat est très varié : on les trouve partout, excepté dans les champs cultivés qu'on laboure tous les ans et dans les endroits marécageux. Certaines espèces se construisent des nids très curieux : les Fourmis-rousses (*Formica rufa*) établissent dans les bois des nids élevés, composés de bois, feuilles, tiges et aiguilles de pins. Les *Lasius* pratiquent des galeries dans le bois vermoulu pour y faire leurs nids. D'autres espèces se construisent des canaux souterrains qui ont quelquefois une longueur considérable. On trouve des fourmis sur un grand nombre de plantes ou d'arbres où elles recherchent les Pucerons ; elles poursuivent ces insectes jusque dans les racines des graminées.

Les *Chrisides* se rencontrent pendant l'été sur les fleurs des carottes sauvages, sur les vieilles boiseries et sur les vieux murs.

Les *Ichneumonides* et les *Braconides* sont parasites de plusieurs insectes et de chenilles de divers Papillons. Les *Chalcides* se rencontrent sur les feuilles de chêne.

---

(1) BREHM. *Merveilles de la nature. Les insectes*, édition française, par KUNCKEL D'HERCULAIS.

Hyménoptères phytophages. — Les *Sirex* et les *Lo-phyres* se trouvent sur les Conifères qu'ils percent de ga-leries, les *Lyda* sur les Pins, les Poiriers, les Rosiers, les *Tenthrèdes* ou *Némates* sur les saules, les groseillers. Parmi les *Hoplocampes*, les *Mouches à scie* vivent sur les Pruniers, les *Athalies* sur les feuilles de Navets, de Bet-teraves et de Rosiers. Les larves de *Cymbex* dévorent les feuilles des Bouleaux, des Hêtres et des Saules.

Les *Cynipides* sont ces petits Hyménoptères qui déter-minent la formation des *Noix de galles* ; ces produits sont intéressants à recueillir et doivent être placés dans une collection; on a soin d'enlever la *galle* avec la feuille ou la branche sur laquelle elle est formée (page |28).

On trouve des galles de *Cynips* sur les Chênes, les Erables, les Sorbiers, les Rosiers sauvages, les Ronces, etc. Les plus belles sont celles connues sous le nom de *Pommes de chêne* et qui se développent dans la Gironde, les Landes et les Pyrénées sur le Chêne-Tauzin (*Quercus Pyrenaïca*). Le *Cynips des galles de Rosiers* produit sur ces arbustes des galles moussues et chevelues connues sous le nom de *Bédéguar.* En ouvrant ces galles on y trouve d'autres Hyménoptères qui les habitent en para-sites : les *Synergues* et les *Aulax.*

Préparation des Hyménoptères. — Ces in-sectes se piquent sur le thorax ; on peut les préparer dans la position du repos ; mais comme la nervulation des ailes est un caractère important à étudier pour la classifica-tion, on peut les étendre comme les Lépidoptères ; on se sert, dans ce cas, de l'étaloir (fig. 38). Pour certaines espèces on peut les préparer en les plaçant sur un bloc de liège afin de donner aux pattes une position naturelle ainsi qu'à l'abdomen qui présente une certaine tendance à se raccourcir ; on les enlève après dessiccation complète.

Dans un grand nombre d'espèces l'abdomen ne tient au thorax que par un pédicule très mince ; afin d'éviter que cet abdomen ne se détache pendant la préparation, on pique, au-dessous de l'insecte, une petite bande de carton qui soutient l'extrémité du corps et qu'on enlève ensuite lorsque le sujet est complètement desséché.

Pour les grosses espèces on peut employer le procédé de M. Malm que nous avons indiqué pour la préparation des Diptères.

Les familles des *Ichneumonides*, des *Chalcidites*, etc... renferment des espèces très petites qu'on ne peut préparer qu'en les piquant avec des fils d'argent sur des petits carrés de moelle de sureau que l'on fixera ensuite sur une épingle : « C'est une opération très délicate, qui demande de bons yeux, de la patience et des pinces très fines ; mais c'est le seul moyen de préparer ces petits êtres fragiles qu'on ne saurait coller, même avec les plus grandes précautions, sans engluer les pattes et les ailes de la gomme. » (Fairmaire.)

Collection d'Hyménoptères. — Cette collection peut être installée comme celle de Lépidoptères ; les nids, galles et autres produits de l'industrie des Hyménoptères sont fixés à côté de l'espèce à laquelle ces produits appartiennent. Pour la conservation de cette collection on emploie les procédés indiqués pour les Lépidoptères.

Plusieurs ouvrages peuvent être consultés utilement pour la classification des Hyménoptères : 1° Lepelletier de Saint-Fargeau et Brullé : *Histoire naturelle des Hyménoptères*. — 2° E. André : *Species des Hyménoptères d'Europe et d'Algérie*. — 3° Les nombreuses monographies de familles ou de genres qui ont été publiées par divers naturalistes et spécialement l'intéressant travail de M. J. Pérez : *Contribution à la faune des Apiaires de France*.

ARACHNIDES

L'étude des Arachnides a été jusqu'à présent négligée par la plupart des Naturalistes. Si la répugnance et l'espèce d'effroi que l'on éprouve à la vue d'une Araignée arrêtent beaucoup de collectionneurs, l'aspect repoussant, la forme peu gracieuse, les couleurs peu brillantes de ces animaux ne devraient pas empêcher de se livrer à une étude qui a autant d'intérêt que celle des Insectes. On redoute généralement le venin des Arachnides, mais on doit se persuader que ce venin dans les espèces les plus grosses du Nord de la France ne produit aucun effet sur l'Homme : « Je me suis fait piquer, dit Walckenaer, par les espèces d'araignées les plus grandes des environs de Paris sans qu'il en résultât ni douleur, ni enflure, ni rougeur ; ces légères piqûres ne m'ont fait éprouver d'autre sensation que celle qu'aurait produite une aiguille ou une épingle fine dont j'aurais enfoncé la pointe dans mon doigt. » — Les piqûres de Scorpions sont les seules dangereuses.

Recherche des Arachnides. — Les instruments nécessaires pour cette chasse sont peu nombreux : on doit se munir d'une pince pour saisir délicatement ces animaux fragiles et éviter leur piqûre, d'une boîte de chasse pour renfermer les grosses espèces et d'un flacon d'alcool pour y plonger toutes les autres espèces. On peut aussi employer le parapluie (fig. 3) en usage pour la chasse des Insectes ; on frappe avec une canne sur les branches et les buissons et on recueille dans le parapluie tous les insectes qui tombent et parmi lesquels on trouve souvent des Araignées. On peut en capturer aussi beaucoup dans les herbes des prairies, mais comme elles courent avec une grande agilité, il est bon de se servir du filet-fauchoir (fig. 35) pour les recueillir plus aisément. On doit se munir d'un flacon d'alcali en prévision des piqûres.

La présence des Araignées fileuses se reconnaît facilement aux toiles qu'elles tendent pour saisir les mouches et autres insectes dont elles se nourissent. Les situations que choisissent les Araignées pour tendre leurs toiles varient selon les espèces : les unes s'établissent au milieu des buissons et des plantes, d'autres dans les coins des fenêtres, aux angles des chambres, dans les étables, les hangars, les greniers, etc...

Scorpionides. — [De toutes les espèces qui vivent en France, le *Scorpion* est celle qui exige le plus de précautions pour sa capture ; l'extrémité abdominable recèle un dard recourbé dont la piqûre entraîne chez l'Homme des suites dangereuses et quelquefois même mortelles. Lorsqu'il se sent pressé entre les branches de la pince qui sert à le saisir, il développe sa queue et la promène de tous côtés afin de piquer ce qu'il rencontre. On trouve aux environs de Montpellier deux espèces de Scorpions : le petit Scorpion domestique (*Eucorpius flavicaudis*) qui pique fréquemment les habitants du pays sans amener chez eux de suites fâcheuses et le Scorpion roussâtre (*Buthus occitanus*) qui est plus grand et plus dangereux. Si, en cherchant à s'en saisir, on vient à être piqué, il faut immédiatement appliquer un traitement à la plaie ; dans la campagne, on emploie l'*Huile de Scorpion* qui n'est que de l'huile d'olive dans laquelle on a fait périr quelques Scorpions ; ce remède n'est guère efficace ; on diminue la douleur et l'enflure à l'aide d'un alcali tel que l'ammoniaque ou la cendre de tabac ; on emploie aussi l'ammoniaque liquide pris intérieurement à la dose de quelques gouttes dans un verre d'eau sucrée et instillée extérieurement dans la plaie ; enfin la cautérisation par le feu ou le nitrate d'argent est un des meilleurs curatifs.

Les Scorpions se tiennent dans les pierres, dans les fentes des murs et dans les endroits obscurs, mais comme ils recherchent beaucoup la chaleur, ils pénètrent souvent dans les habitations, s'introduisent dans les lits, les vêtements, etc. Le Scorpion roussâtre (fig. 55) est très

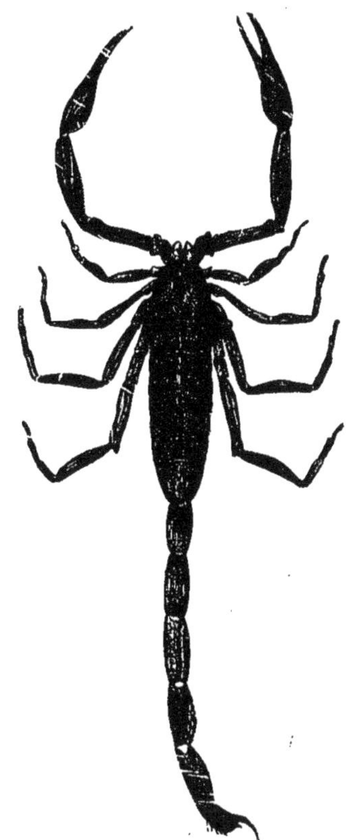

Fig. 55. — Scorpion (Buthus occitanus).

commun sur la montagne de Cette ; on est certain d'en recueillir en soulevant les pierres, principalement autour du vieux fort connu sous le nom de *Butte-ronde*.

Le *Chelifer* ou *Scorpion des livres* se tient dans les vieilles maisons, dans les livres poussiéreux, entre les feuillets des herbiers, dans les collections d'insectes, les ruches abandonnées et les pigeonniers mal tenus, il se nourrit d'Acariens et de petits insectes nuisibles.

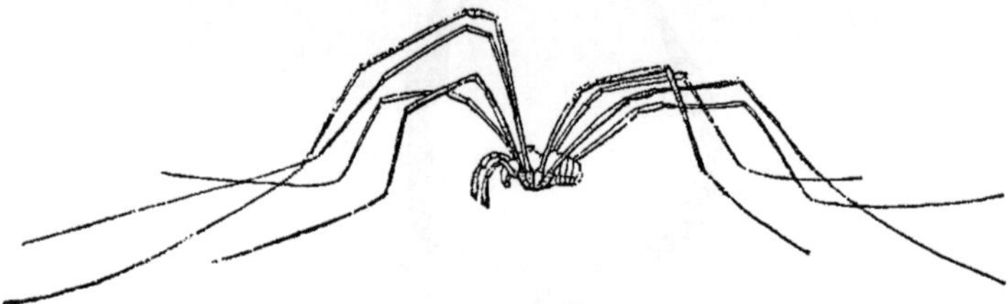

Fig. 56. — Faucheur.

Les *Phalangides* ou *Faucheurs* (fig. 56) vivent dans les jardins sur les troncs d'arbre, sur les murs.

Aranéides. — Les *Mygales* sont les plus grandes Araignées. Les *Ctenizes* ne se rencontrent que dans le Midi de la France ; elles creusent des galeries verticales dans les talus arides ; ce sont les *Araignées maçonnes*, dont on peut se procurer les terriers si intéressants pour les faire figurer dans une collection : « C'est sur le penchant des collines stériles, sans végétation, exposées au soleil, exemptes de rochers et de petits cailloux que l'on trouve les Araignées maçonnes ; il faut un coup d'œil exercé pour découvrir le terrier, tant la surface du couvercle imite le terrain voisin et tant la rainure capillaire qui dessine son contour a de finesse. Qu'on se figure un trou cylindrique du même diamètre partout et profond de 15 à 20 centimètres, dont les parois très lisses sont formées d'un mortier composé de terre fine mêlée de salive ; ces parois sont de plus tapissées d'une toile blanche et fine ; la partie supérieure qui s'évase légèrement et régulièrement est fermée par un opercule qui sert à la fois de porte et de couvercle. L'opercule est une rondelle épaisse et dure, dont les bords parfaitement ronds sont taillés en biseau en sens inverse de l'ouverture. Si on essaie de soulever ce couvercle, on sent une résistance relativement très grande, c'est l'Araignée qui.

s'est cramponnée au-dessous avec ses griffes, en s'arc-
boutant avec son corps et ses pattes postérieures sur les
parois du tube. » (E. Simon.)

Les *Ctenizes* et les *Némésies* habitent surtout aux environs de Nice, de Menton et de Cannes. Les *Atypes* vivent
aussi dans les galeries souterraines.

Les *Epeires* (fig. 57) sont très communes à l'automne
dans nos jardins, surtout *Epeire-diadème* ou *porte-croix*.

Fig. 57. — Epeire.

Les *Tétragnathes* s'établissent dans le voisinage des
mares, des étangs et dans les endroits humides. Les *Li-
nyphies* ou *Araignées à baldaquin* vivent dans les jardins,
dans les bois, sur les bruyères et les broussailles peu
élevées. Les *Théridions* s'installent dans les buissons et
surtout sur les Rosiers et s'enveloppent de deux feuilles
réunies au moyen de fils ; une espèce (*Theridium civilis*)
salit la façade de nos édifices par ses toiles qui ressemblent de loin à des taches de boue.

Les *Tégénaires* ou *Araignées domestiques* ne sont que
trop faciles à trouver dans les coins de nos habitations.

Les *Argyronectes* ou *Araignées aquatiques* vivent presque constamment dans l'eau ; on peut les capturer avec
un troubleau en gaze. Les *Clubiones* sont très répandues
en France où on les trouve dans nos jardins et nos mai-

sons. Les *Thomises* se rencontrent sur les troncs d'arbre, sur les feuilles et surtout sur les fleurs qui attirent un grand nombre d'insectes. Parmi les *Lycosides* ou *Araignées-Loups* on rencontre fréquemment les *Dolomèdes* et les *Pardoses* dans les prés et les lieux humides, les *Lycoses* ou *Tarentules* dans des galeries souterraines, principalement aux environs de Narbonne.

Les *Saltiques* sont très communs sur les murs, les clôtures en planches, sur les croisées, etc...

Acariens. — Les Acariens sont encore peu connus ; ces intéressants animaux, pour la plupart microscopiques, ont des formes et des mœurs extrêmement variées.

« Un petit nombre d'entre eux seulement atteignent des dimensions assez grandes pour être observés sans le cours du microscope ; la plupart vivent rassemblés en masses innombrables et se présentent sous l'aspect d'amas informes et mobiles, recouvrant d'une sorte de poussière les matières animales et végétales les plus diverses ; on en trouve souvent dans les substances alimentaires desséchées : la farine, le fromage, sur les plantes utilisées pour le tissage et l'alimentation. Il nous suffira de citer les Acariens qui détruisent les collections Entomologiques, ceux du fromage, de rappeler que le revêtement blanchâtre des prunes cuites n'est pas formé toujours par du sucre, mais que parfois il est constitué par des millions d'infimes Acariens. Si ces animaux méritent déjà de fixer notre attention, ceux qui vivent en parasites sur l'Homme et les Animaux et qui sont pour eux une cause de souffrance et de dégoût, en produisant les affections cutanées sous le nom de *gales*, doit exciter davantage encore notre intérêt. » (Brehm.)

Les *Trombidions* (fig. 58 *a*) se trouvent dans les endroits humides courant sur les pierres ou installés sur les plantes, principalement sur les Malvacées. — Les *Tétranyques* (fig. 59 *b*) s'attachent aux plantes cultivées en serre et à beaucoup d'autres plantes (Haricots, Dahlias,

Liserons, Sureaux, Charmes, Ormes, etc...) ; ils attaquent la face inférieure des feuilles.

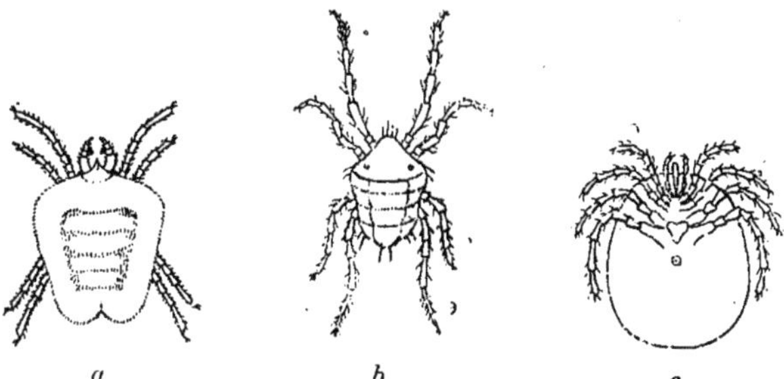

Fig. 58. — *a.* Trombidium holosericeum. — *b.* Tetranychus major. — *c.* Hydrachna globosa.

Les *Hydrachnides* (fig. 58 c) sont des Acariens aquatiques habitant les eaux courantes ou stagnantes où ils vivent en parasites sur les Mollusques bivalves et les insectes aquatiques. Les *Gamasides* (fig. 59 d, e, f) sont parasites ;

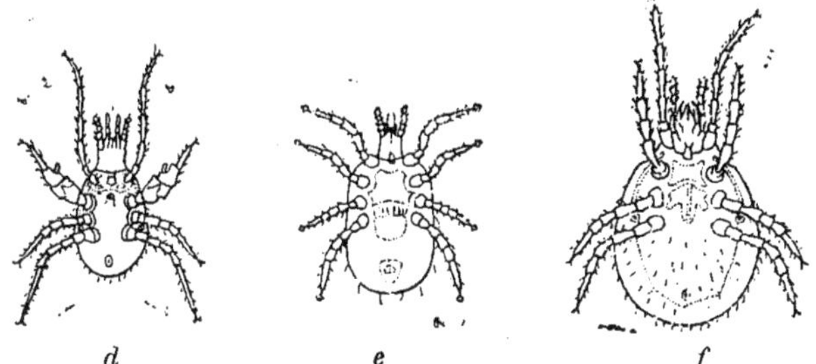

Fig. 59. — *d.* Gamasus fungorum. — *e.* Gamasus carnifex. *f.* Gamasus musci.

on les trouve sur des Insectes, Oiseaux et Chauves-souris.

Les *Ixodes* (fig. 60 g) ou *Tiques* vivent dans les bois où elles guettent les Mammifères pour s'installer sur eux et y vivre en parasites : la *Tique commune* se rencontre fréquemment sur le Chien. Les *Argas* (fig. 60 h) vivent dans nos fermes et nos habitations de campagne ; le

jour ils se cachent dans les crevasses des murs et la
nuit ils se nourissent du sang des Pigeons.

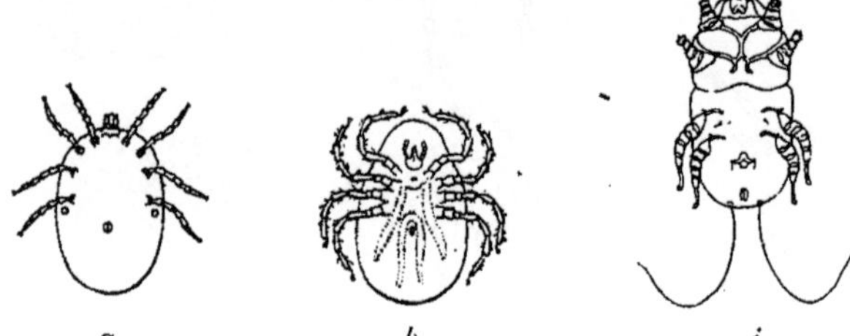

Fig. 60. — *g*. Ixodes ægyptius. — *h*. Argas reflexus.
i. Laminisioptes cysticola.

Les *Sarcoptides* (fig 61 *i, j, k, l*) s'installent sur les ma-

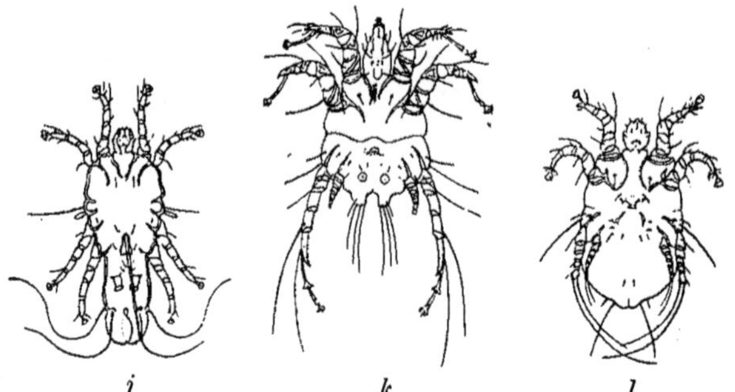

Fig. 61. — *j*. Proctophyllodes glandarinus. — *k*. Psoroptes
communis. — *l*. Chrorioptes ecaudatus.

tières végétales, dans le plumage des Oiseaux, dans le
poil des Rongeurs, enfin sur le corps des animaux et de
l'Homme où ils déterminent des affections cutanées. Les
Tyroglyphes vivent dans le fromage ; ce sont eux qui
transforment en poussière les vieux fromages durcis :
Gruyère, Roquefort, etc... Les *Sarcoptes* (fig. 62 *m, n*) sont
ces Acariens qui pénètrent dans l'épaisseur de la peau
et produisent la *Gale* chez l'Homme.

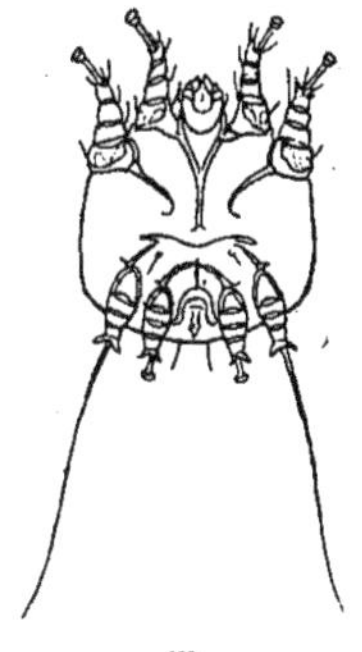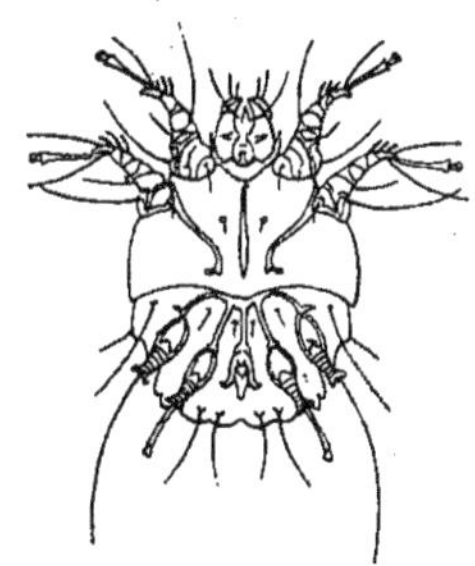

Fig. 62. — *m*. Sarcoptes notoedres. — *n*. Sarcoptes scabiei.

Les *Linguatulides*, qui avaient été placés par les anciens naturalistes parmi les Vers intestinaux, vivent dans les voies respiratoires des Batraciens et des animaux à sang chaud (Chien, Lapin, Lièvre).

Les *Pygnogonides* (fig. 63 *o*, *p*) ou *Pantopodes* forment un

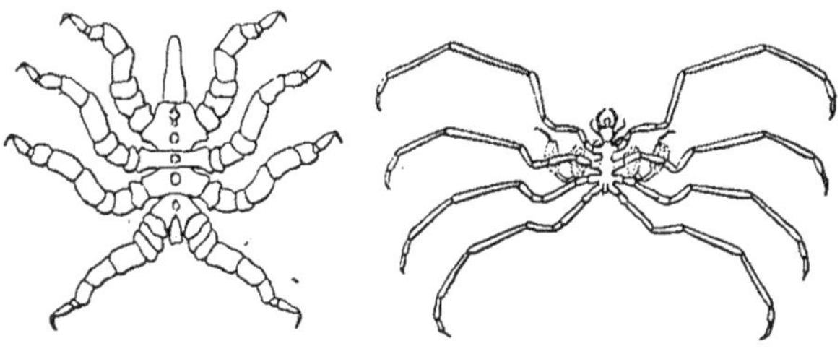

Fig. 63. — *o*. Pygnogonum littorale. — *p*. Nymphon gracile.

petit groupe qui avait été placé avec les Crustacés, mais qui doit être rangé avec les Acariens. Les *Pygnogonum*, *Nymphon*, etc... sont de petits organismes marins vivant et rampant lentement au milieu des Algues et des plantes marines.

Les *Tardigrades* sont de petits animaux vermiformes ; les uns rampent lentement au fond de l'eau où ils se nourrissent de Rotifères, les autres se tiennent dans la mousse sur les toits, d'autres au milieu des Algues. Ils possèdent, comme les Rotifères, la faculté de revenir à la vie lorsqu'on les humecte après qu'ils sont restés desséchés pendant longtemps.

Préparation et conservation des Arachnides. — La préparation des Arachnides n'est pas sans présenter de grandes difficultés : ces animaux ont un abdomen volumineux qui se flétrit en se séchant ; ils perdent aussi rapidement leurs formes et leurs couleurs. Quelques espèces, surtout les plus grandes, peuvent être desséchées, comme les Insectes ; on les pique sur le thorax ; mais il faut avoir soin, en introduisant l'épingle, de ne pas endommager les yeux qui sont souvent situés sur cette partie du corps.

On peut dessécher les Araignées par le procédé suivant : deux heures après avoir piqué le sujet afin que la plaie ait le temps de se dessécher et que les liquides ne puissent plus s'échapper du corps pendant l'opération, on place une plaque de fer-blanc sur des charbons ardents et on la fait chauffer jusqu'à ce qu'elle soit presque rouge. Alors on saisit l'épingle de l'Araignée avec des pinces, on approche l'animal assez près pour le dessécher rapidement, mais pas assez pour faire éclater son abdomen ; on le tourne en tous sens, après lui avoir mis les pattes en position, jusqu'à ce qu'il soit entièrement sec.

Malgré ces précautions, il arrive souvent que l'abdomen se déforme : pour prévenir cet accident on peut employer le procédé de Latreille perfectionné par M. Westring, de Gottembourg :

« Commencez par séparer l'abdomen du thorax à l'aide de ciseaux bien tranchants, mettez le thorax à part ; enfoncez ensuite dans l'abdomen, au point de section, une épingle à insectes ordinaire : saisissez l'épingle avec une pince vers la partie inférieure et chauffez-en doucement la tête à la flamme d'une bougie ; cette opération a pour effet de fixer les entrailles autour de la pointe de l'épingle. Coupez ensuite la tête de l'épingle, prenez un tube ouvert aux deux extrémités, auquel puisse s'adapter un bouchon. Sur ce bouchon fixez l'épingle qui porte l'abdomen, introduisez le tout dans le tube et faites-le tourner lentement au-dessus de la flamme d'une bougie ; il s'échappera, par l'extrémité ouverte, un peu de vapeur ; mais l'abdomen conservera ses couleurs et ses dimensions normales. Une fois que vous jugerez l'abdomen suffisamment desséché, rebouchez ce tube et retirez l'épingle du bouchon, coupez-la assez près de l'abdomen pour qu'on puisse encore y adapter le thorax, qui, en raison de sa consistance, n'a pas besoin d'être desséché à part ; les deux parties une fois réunies, vous pouvez piquer l'Araignée comme un insecte ordinaire. Les Arachnides ainsi préparés conservent leurs couleurs et leurs dimensions et peuvent se garder presque indéfiniment. »

Quelques grandes espèces exotiques peuvent être préparées en séparant l'abdomen, en le soufflant et en le remplissant de ouate ; les deux parties séparées sont ensuite recollées au moyen de gomme ; mais beaucoup d'Arachnides ne peuvent être conservés qu'en alcool. Ce liquide a l'inconvénient de les décolorer quelquefois : pour conserver les couleurs on peut ajouter de l'alun à un alcool affaibli, mais l'alun ne doit être mis qu'en petite dose, car il fait contracter le sujet.

Pour conserver une Araignée dans l'alcool, on doit la coller avec de la gomme arabique, qui n'est point soluble dans l'alcool, sur une bande de fort papier blanc ou sur une lame de verre, à peu près de la dimension du flacon dans lequel on veut l'introduire. Les pattes et les palpes sont étendues et fixées également avec de gomme ; puis on introduit le tout dans un flacon à large goulot rempli d'alcool de bonne qualité et qu'on a soin de fermer hermétiquement.

Les *Acariens* sont difficiles à conserver à cause de leurs proportions microscopiques ; les plus grosses espèces peuvent être préparées comme les petits insectes (voir page 57) ; pour les autres on peut employer un procédé déjà en usage pour les Pucerons : on place ces petits animaux entre deux verres dans une goutte de baume de Canada ou de glycérine gélatinée, ce qui rend leur étude facile et leur conservation indéfinie. Pour la détermination et la classification des *Acariens*, on consultera l'ouvrage de M. Paul Groult, de l'*Histoire naturelle de la France*, sur les *Acariens, Crustacés Myriapodes*.

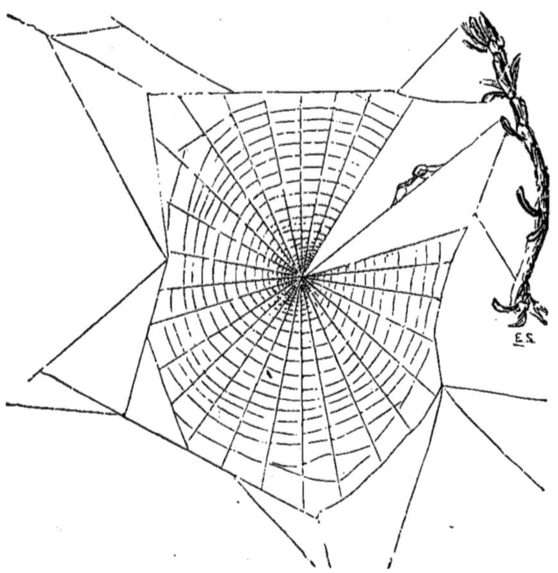

Fig. 64. — Toile d'araignée.

Il serait intéressant de placer dans une collection les toiles de certaines Arraignées à côté de l'espèce qui les produit ; mais la récolte de ces toiles est une opération très difficile à pratiquer sans les détériorer : on pourrait toutefois la tenter en appliquant sur la toile une feuille de papier enduite de gomme liquide ou de gélatine ; les fils se collant sur le papier, on parviendrait à enlever la toile entière en coupant les fils à leurs points d'attache.

Collection d'Arachnides. — Cette collection peut être installée, comme celle de Myriapodes, dans un meuble à tiroirs ou dans des boîtes vitrées ; les espèces desséchées demandent une surveillance continuelle pour éviter les ravages des insectes ; quant aux sujets en alcool, il suffit de renouveler le liquide s'il vient à s'altérer.

Pour la détermination et la classification de ces animaux, on peut consulter les ouvrages de P. Planet, *Histoire naturelle des Arachnides de France*, qui, par le nombre de figures qu'il comporte, permet une détermination rapide (1).

MYRIAPODES

Les *Myriapodes* ou *Mille-pieds* sont peu recherchés des naturalistes, à cause de la répugnance instinctive que causent chez l'homme certaines espèces. Ces animaux sont cependant très intéressants à étudier et ne méritent pas l'abandon dans lequel on les laisse généralement.

Recherche des Myriapodes. —Ceux qui voudront se livrer à la recherche de ces animaux devront se munir : 1° de pinces à pointes fines pour saisir les espèces très fragiles ou dont la morsure peut être dangereuse.

2° De boîtes de chasse pour renfermer les grandes

---

(1) 1 vol. avec 18 planches, 5 francs. Les Fils d'Emile Deyrolle, éditeurs.

espèces qui peuvent être desséchées pour être conservées.

3° De tubes ou de flacons remplis d'alcool pour y plonger toutes les petites espèces.

Chilopodes. — Ces animaux ne doivent être recueillis qu'avec précaution : ils ont un venin dangereux et leur morsure provoque chez l'homme une inflammation douloureuse ; ils se nourrissent d'Araignées et des petits insectes qu'ils peuvent saisir. Les *Scutigérides* se tiennent dans les vieilles boiseries ; elles sont d'une grande fragilité et ne doivent pas être desséchées, leurs pattes se détachent facilement ; on les place dans l'alcool. — Les *Lithobies* se rencontrent partout dans les endroits hu-

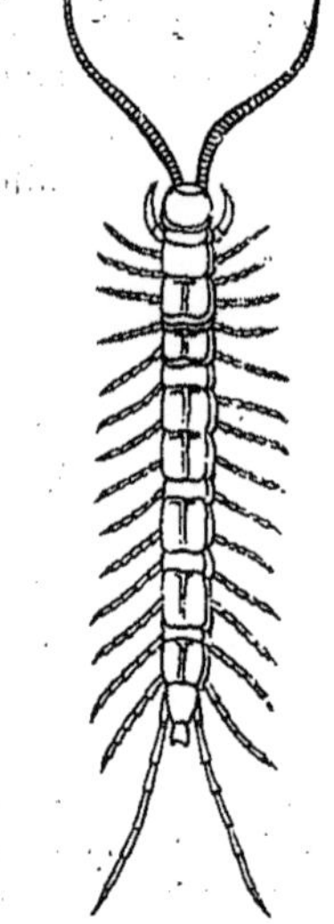

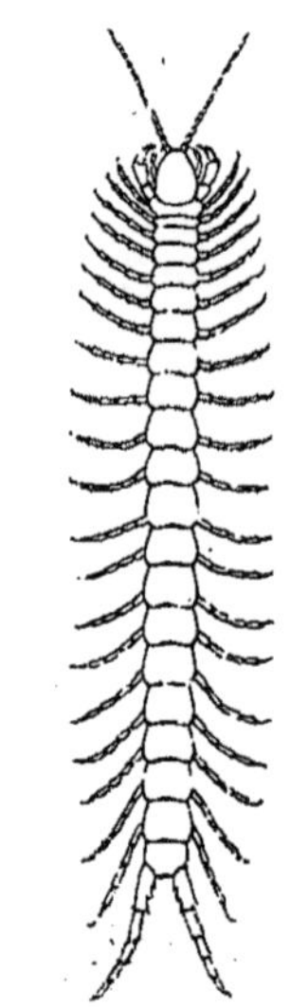

Fig. 65. — Lithobie (Lithobius forcipatus).
Fig. 66. — Scolopendra morsitans.

mides et sombres des maisons, dans les troncs d'arbres pourris, parmi les feuilles mortes et sous les pierres dans les jardins. — Les *Scolopendres* vivent sous les pierres, sous la mousse ; certaines espèces exotiques atteignent de grandes dimensions, mais la morsure de toutes est dangereuse ; la *Scolopendre mordante* est commune en Provence et sur tout notre littoral méditerranéen. — Les *Géophiles* se rencontrent sur les racines et les tubercules de diverses plantes, telles que les Pommes de terre, les Panais, les Carottes, dans lesquelles ils perforent des galeries.

Chilognathes. — Ces Myriapodes ne sont pas dangereux comme les précédents ; ils se nourrissent principalement de matières végétales. Les *Iules* sont communs en France :

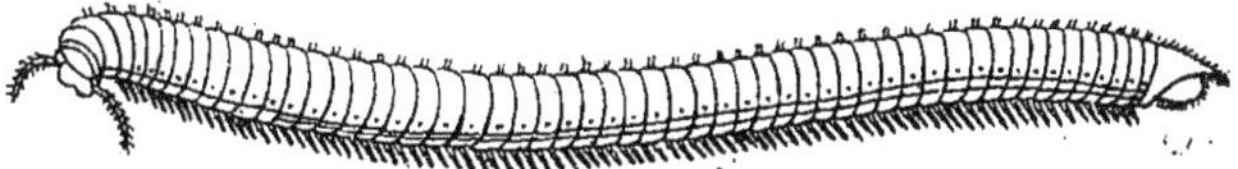

Fig. 67. — Iule (Iulus ferrestris).

« On les rencontre sous les pierres, à la fin du printemps ; on les fait tomber quelquefois en secouant des branches de chêne ; ils restent immobiles tant qu'ils se croient en danger, la tête repliée au centre du corps roulé en spirale ainsi qu'un ressort de montre. Lorsqu'on les laisse en paix, ils se remettent peu à peu de leur frayeur et se détendent à moitié en s'arc-boutant sur leur centaine de pattes (1).

Les *Blaniules* vivent dans nos jardins et nos champs où ils dévorent les semences, les racines charnues de divers légumes et rongent les fruits tombés à terre ; on les trouvent souvent sous les fraises qu'ils dévorent. — Les *Polydesmes* s'attaquent aussi aux racines des légumes, principalement aux carottes. — Les *Glomérides* sont faciles à capturer : ils vivent sous

Fig. 68. — Gloméride (Glomeris marginatus).

---

(1) Brehm. *Merveilles de la nature: les Insectes Myriapodes Arachnides*, édition française par Kunckel d'Herculais, 2 vol.

les pierres, sous les feuilles sèches, dans les endroits incultes; lorsqu'on soulève une pierre qui leur sert d'abri, on
les voit s'enrouler comme des Hérissons.

Préparation des Myriapodes. — Les grandes
espèces, telles que les *Scolopendres*, se piquent sur le
second et le troisième anneau près de la tête et se dessè-
chent comme les Insectes. Les espèces plus petites
ou fragiles se placent dans des flacons d'alcool, mais
pour qu'elles ne se désorganisent pas et ne tombent
pas en pourriture, il faut éviter d'employer de l'alcool
trop faible ou affaibli par l'eau que rendent ces animaux.
On doit aussi avoir soin de les disposer dans le flacon de
façon que les pattes soient bien étalées ; on doit leur
donner en même temps une atttitude naturelle.

Collection de Myriapodes. — Cette collection
peut se placer dans un meuble à tiroir ; les animaux desséchés devront être visités fréquemment afin qu'ils ne
soient pas attaqués par les insectes destructeurs ; on
pourra les préserver par tous les procédés indiqués à
l'article des *Coléoptères*. Les sujets placés dans l'alcool
ne demandent d'autre soin que le renouvellement du
liquide, s'il venait à s'évaporer ou à s'altérer.

Le nombre d'espèces connues est peu considérable ; on
pourra, pour leur détermination et leur classement, consul,
ter l'ouvrage de Paul Groult, *Acariens, Crustacés-
Myriapodes* de l'*Histoire naturelle de la France*.

TABLE DES MATIÈRES

Paris. — Imprimerie F. Levé, rue Cassette, 17.

LE NATURALISTE

REVUE ILLUSTRÉE DES SCIENCES NATURELLES

Fondée en 1879

PARAISSANT LE 1er ET LE 15 DE CHAQUE MOIS

PAUL GROULT, Secrétaire de la Rédaction

Bureaux à Paris, 46, rue du Bac

ABONNEMENT ANNUEL

(Payable en un mandat-poste à l'ordre des Éditeurs)

France et Algérie	10 francs
Pays compris dans l'Union postale	11 »
Tous les autres pays	12 »

Prix du Numéro : 50 centimes

LE NATURALISTE paraît deux fois par mois par livraison de 12 pages, quelquefois même de 16 pages, et avec une couverture.

Chaque année forme un beau volume in-4°.

Il publie des travaux inédits des savants spécialistes, avec un grand nombre de gravures.

LE NATURALISTE insère gratuitement les offres ou les demandes d'échanges émanant de ses abonnés.

Cette publication date de 1879.

Envoi de spécimens sur demande adressée aux

BUREAUX DU JOURNAL

46, rue du Bac, Paris

LES FILS D'ÉMILE DEYROLLE, ÉDITEURS

LES FILS D'ÉMILE DEYROLLE, ÉDITEURS
46, RUE DU BAC, PARIS, 7e

HISTOIRE NATURELLE
DE LA FRANCE

Cette collection comprendra vingt-sept volumes in-8° qui paraîtront successivement et qui formeront une histoire naturelle complète de la France.

Nous donnons ci-après la nomenclature des diverses parties de l'ouvrage :

Dix-neuf volumes sont déjà parus : nous les indiquons ci-dessous en caractères gras, la plupart des autres sont en préparation.

1re PARTIE. Généralités.

2e — **Mammifères.** 360 pages et 143 fig. dans le texte. Br. 3 fr. 50, franco 3 fr. 95 ; cart. 4 fr. 25, franco 4 fr. 75.

3e — **Oiseaux** 304 pages, 35 planches, dont 27 en couleurs et 144 figures dans le texte, br. 5 fr. 50, franco 6 fr. ; cart., 6 fr 25, franco 6 fr. 75.

4e — **Reptiles et Batraciens.** 186 pages, 55 figures dans le texte. Br. 2 fr., franco 2 fr. 30 ; cart. 2 fr. 75, franco 3 francs.

5e — Poissons.

6e — **Mollusques.** *Céphalopodes, Gastéropodes.* 272 pages, 24 fig. dans le texte, 18 planches. Br. 4 fr., franco 4 fr. 40 ; cart. 4 fr. 75, franco 5 fr. 20.

7e — **Mollusques.** *Bivalves.* Tuniciers, Bryozoaires. 250 pages, 15 fig. dans le texte, 18 planches. Br. 4 fr., franco, 4 fr. 40 ; cart. 4 fr. 75, franco 5 fr. 20.

8e — **Coléoptères.** 336 pages, 27 planches en couleurs. Br. 6 fr. 50, franco 6 fr. 95, cart. 7 fr. 25, franco 7 fr. 75.

9e — Orthoptères, 7 fr. 10. Névroptères.

10e — Hyménoptères.

11e — **Hémiptères.** 236 pages et 9 planches. Br. 3 fr., franco 3 fr 35 ; cart. 3 fr. 75, franco 4 fr. 15.

12e — **Lépidoptères.** 206 pages, 27 planches en couleurs. Br. 5 fr. franco, 5 fr. 45 ; cartonné, 5 fr. 75, franco 6 fr. 25.

13e — Diptères, Aptères.

14e — **Arachnides.** 330 pages, 18 planches. 233 fig. dans le texte. Br. 5 francs, franco 5 fr. 50 ; cart. 5 fr. 75, franco 6 fr. 25.

15e — **Acariens, Crustacés, Myriapodes.** 248 pages, 18 planches Br. 3 fr. 50, franco 3 fr. 90 ; cart. 4 fr. 25, franco 4 fr. 75.

16e — **Vers.** 248 pages, avec 203 fig. dans le texte. Br. 3 fr. 50 franco 3 fr. 90 ; cart., 4 fr. 25, franco, 4 fr. 75.

17e — **Cœlentérés, Echinodermes, Protozoaires,** etc.. 390 pages, avec 187 figures dans le texte. Br. 3 fr. 50, franco 4 fr. cart. 4 fr. 25, franco, 4 fr 75.

18e — **Plantes vasculaires** (Nouvelle flore de MM. Bonnier et de Layens). 2.145 figures. Br. 4 fr. 50, franco 4 fr. 90 ; cart. 5 fr. 25, franco 5 fr. 70.

19e — **Mousses et Hépatiques** (Nouvelle flore des Muscinées, par M. Douin). 1.288 figures. Br. 5 fr., franco 5 fr. 40 ; cart. 5 fr. 75, franco 6 fr. 25.

20e — **Champignons** (Nouvelle flore de MM. Costantin et Dufour). 3.542 fig. Br. 5 fr. 50, franco 6 fr. ; cart. 6 fr. 25, franco 6 fr. 75.

21e — **Lichens** (Nouvelle flore des Lichens, de M. Boistel) 1.178 fig. Br. 5 fr. 50, franco, 5 fr. 90, cart. 6 fr. 25, franco 6 fr. 75.

22e — Algues.

23e — Géologie.

24e — **Paléontologie.** 379 pages, 27 planches et 600 figures. Br. 6 fr., franco 6 fr. 60, cart. 6 fr. 75 franco 7 fr. 35.

24e bis — **Paléobotanique.** 325 pages, 36 planches et 412 figures dans le texte, br. 6 fr., franco 6 fr 60, cart. 6 fr. 75, franco 7 fr. 25.

25e — **Minéralogie.** 260 pages, avec 18 planches en couleurs. Br. 5 fr., franco, 5 fr. 40 ; cart. 5 fr. 75, franco 6 fr. 20.

26e — Technologie (*Application des sciences naturelles*).

Paris. — Imp. F. Levé, 17, rue Cassette.

www.ingramcontent.com/pod-product-compliance
Ingram Content Group UK Ltd.
Pitfield, Milton Keynes, MK11 3LW, UK
UKHW020838120726
13693UKWH00002B/713